航向成功企業的55種
商業模式

THE
BUSINESS MODEL
NAVIGATOR

55 MODELS THAT WILL
REVOLUTIONISE YOUR BUSINESS

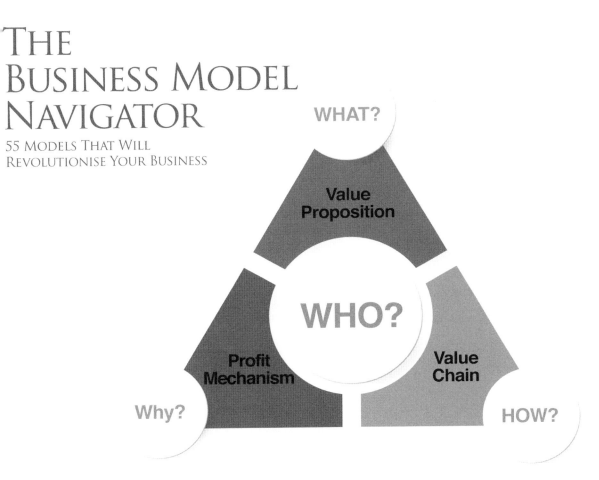

奧利佛·葛思曼 *Prof. Dr. Oliver Gassmann* 凱洛琳·弗朗根柏格 *Dr. Karolin Frankenberger* 蜜可萊·塞克 *Michaela Csik*——著

劉慧玉——譯

目錄

誌謝 7

前言 9

第 1 篇：如何驅動商業模式創新 13

1 何謂商業模式？又為何需要革新？ 15
　商業模式創新年代 16
　商業模式的構成因子 19
　商業模式創新的挑戰 23

2 商業模式導航 35
　創造性模仿及重組之可貴 36
　起步：生態系統分析 43
　構思：改寫類型 60
　整合：形塑你的商業模式 74
　執行：計畫落實 79

3 變革管理 85
　驅動改變 86
　擬定行動計畫 93
　定義架構與目標 95
　打造能力 98

第2篇：55款致勝模式——你又如何從中獲益 105

1 附帶銷售 107

2 聯 盟 114

3 合氣道 119

4 拍 賣 124

5 以物易物 129

6 自動提款機 135

7 交叉銷售 140

8 群眾募資 145

9 群眾外包 150

10 顧客忠誠 156

11 數位化 162

12 直 銷 168

13 電子商務 173

14 體驗行銷 179

15 固定費率 185

16 共同持分 190

17 特許加盟 195

18 免費及付費雙級制 201

19 從推到拉 205

20 供應保證 211

21 隱性營收 216

22 要素品牌 221

23 整合者 226

24 獨門玩家 231

25 顧客資料效益極大化 236

26 授權經營 242

27 套 牢 248

28 長 尾 254

29 物盡其用 259

30 大量客製化 265

31 最陽春 270

32 開放式經營 275

33 開放原始碼 281

34 指揮家 286

35 按使用付費 290

36 隨你付 295

37 夥伴互聯 299

38 成效式契約 304

39 刮鬍刀組 309

40 以租代買 313

41 收益共享 318

42 逆向工程 323

43 逆向創新 328

44 羅賓漢 333

45 自助服務　338

46 店中店　343

47 解決方案供應者　348

48 訂　閱　354

49 超級市場　358

50 鎖定窮人　362

51 點石成金　367

52 雙邊市場　372

53 極致奢華　377

54 使用者設計　382

55 白　牌　387

第3篇：讀完祕笈，練功吧！　393

革新商業模式的十點建議　395

55種模式一覽表　398

詞　彙　412

誌謝

　　我們要感謝所有同事的支持，尤其是Amir Bonakdar, Steffen Haase, Roman Sauer, Valerio Signorelli, Stefanie Turber, Marc Villinger 和 Markus Weinberger；也要感謝眾多披荊斬棘的實務業者，是他們對我們的信心，啟動了這本著作。感謝Felix Hofmann的鼎力協助諸多創新案，以及Malte Belau對那55種類型的精彩描述。謝謝Naomi Haefner的精準英譯，Brian Levin的細心編輯；最後，要謝謝Pearson出版社Nicole Eggleton的熱忱與推動。

前言

　　觀看近五十年來的商業模式（business model），革命性創新幾乎都來自美國，這當然與美國人積極、富開創性的精神有關。工程師凡做研究，必求諸既有各項設計方法，儘管不能保證完美成果，成功機率確實可以提高。反觀企業管理圈，能輔助商業模式創新（business model innovation）這項艱鉅任務的工具付之闕如，於是，我們投入數年光陰，自行研發設計方法，再與頂尖企業進行測試，肯定了此項工具的實務價值。

　　忝為歐洲頂尖企管學院聖加侖大學（University of St. Gallen）的成員，我們長期在創新流程的研究中兼顧學術與實務；許多一流顧問公司的工具及概念背後，也可見類似的耕耘──如羅伯・庫柏（Robert G. Cooper）的新產品開發門徑階段─關卡流程（Stage-Gate process），或麥可・波特（Michael Porter）的五力（Five Forces）分析。我們深信，「商業模式導航」（Business Model Navigator）是一系列精良工具的延伸，同樣具備扎實的研究基礎及觀念。

　　我們這項實用的商業模式創新設計法，植基於完整深入的實證研究，我們分析近五十年來最具革命性的創新模式，找出其中可預期、有系統的類型。我們驚訝地發現，超過九成的創新模式，其實是把其他業界的既有概念拿來重組而成。這個發現十分有用，就像工程師所用的

設計方法也來自某些物理及科技規則。我們這個導航涵蓋55種成功類型，可做為革新營運模式的藍圖。

之後我們將成果應用在跨國頂尖企業上，產業橫跨化學、製藥、生技、機械工程、電子、電器、能源、服務、貿易、資訊科技、電信、汽車、營建、金融；實務與學術緊密結合，與這些企業合作的各項專案，更持續提高了此法門的實用性。此外，本書兩名作者都在史丹佛設計研究中心（Center for Design Research）待過數月，深受設計思考作者們的啟發，其反覆更迭、以使用者為核心、重視觸覺感官的設計精神，皆充分融入這套導航系統。我們任教多年的聖加侖大學EMBA，諸高階主管學員也提供了許多寶貴意見。

本書包含三個部分。首先是介紹商業模式導航之要素與原則，我們提出如何理解商業模式設計概念的架構，幫讀者建立商業模式的思考基礎，先以神奇三角描述商業模式之邏輯與面向，再循序漸進，帶出發展創新模式的四道步驟，繼而以我們認為攸關企業營運模式改革成敗之關鍵因素，做為第一篇的總結。

有了首篇打下基礎，第二篇開始細究商業模式導航之核心要素：55種模式類型。熟悉這些利器，將可激發革新模式的創意，或萃取精華，或巧妙重組，進而發展出屬於自己的創新模式。

讀者若是性急，則可透過第三篇即刻應用商業模式導航與55種類型。看完這裡的導航簡略版——創新商業模式10步驟——你可能當下便能勾勒出目前營運模式的變革雛形。

這套工具針對實務，刻意避免複雜論述與太多註釋，但有興趣繼續探討的讀者，可至www.bmi-lab.ch隨時參考我們與時俱進的研究及更多工具。

　　本書呈現的方法成效斐然，歷歷見諸各大企業；他們愈用這項導航，愈是愛不釋手，我們自己也是！我們期盼略盡棉薄之力，推動更多營運模式的創新。這套方法不能保證成功，但絕對能提高成功機率。請牢記：大破才能大立！

　　敬祝成功！

葛思曼（Oliver Gassmann）

弗朗根柏格（Karolin Frankenberger）

塞克（Michaela Csik）

謹識於瑞士聖加侖，2014 年春

如何驅動
商業模式創新

　　本書旨在介紹一種方法——商業模式導航——讓你得以有系統的改革營運模式。透過深入研究，我們發現任何營運模式之創新，不脫55種類型；可以說，這已從一門藝術蛻變為科學。

　　為能直搗黃龍，第一篇先點出在這瞬息萬變時代中更新商業模式的重要性，同時明確定義此一名詞。當我們從四個面向加以闡釋，商業模式就顯得十分清晰：顧客（誰？），價值主張（什麼？），價值鏈（如何？），獲利機制（為何？）。至於一般企業何以無法順利跨過創新門檻、從新的經營模式獲利，此處也有著墨。

　　要掌握商業模式導航，要訣就在這55種經營模式出入自如，進而斟酌變通。本篇點出這些重要原則的活用之道，以及它們在商業模式導航中的角色。

本篇重點：

- 透過商業模式即可看出一家公司如何創造價值與獲取利潤，這可從四個方向探討：**誰，什麼，如何，為何**。所謂商業模式創新，意謂著對其中至少兩項進行變革。
- 商業模式創新的最大挑戰之一：跨越公司與整個產業的主流思維。
- 透過商業模式導航，你將順利踏上更新企業經營模式之路。
- 商業模式導航最可貴之處，在教你認識55種經營手法，洞悉活用之道——絕對是跳脫框架、找出可行創新模式的有力武器。
- 要談商業模式創新，不可不充分拿捏變革管理——唯有洞悉企業中的成敗因子，才能順利推行商業模式的創新。

何謂商業模式？
又為何需要革新？

1

　　許多公司研發出性能複雜的優異產品，創新能力令人目不暇給，在已開發國家尤其如此。然而無論在西方或東方，這樣的企業為何會忽然喪失競爭利基？瞧瞧一些傲視群雄數十載的公司：愛克發（Agfa）、AEG、美國航空（American Airline）、雷曼兄弟（Lehman Brothers）、DEC、Grundig、羅威（Loewe）、Nakamichi、Nixdorf電腦、摩托羅拉（Motorola）、諾基亞（Nokia）、Takefuji、黛安芬（Triumph）和柯達（Kodak），一個一個從頂端驀然墜落。哪兒出了問題？答案簡單得令人不堪：它們都未能與時俱進地調整商業模式，僅憑過往榮光悠然度日。波士頓顧問集團（BCG）所創的「金牛」（cash cow）一詞，指的是能持續創造利潤的成功業務；儘管這個名詞引領風騷多年，卻再不足以做為企業生存的保障。

　　今天，企業長期競爭優勢乃繫於打造創新商業模式的能耐。放眼望去，歐洲成功做到這點的公司寥寥可數：雀巢（Nestlé）、喜利得（Hilti）可為表率（喜利得為營造建築用品製造商，總部位於列支敦斯登大公國，開發能力出色，其車隊管理〔fleet management〕系統實施

工具管理更令人稱道）。這方面的典範多位於矽谷，一般人馬上可講出
幾個名號：谷歌（Google）、蘋果（Apple）、Salesforce。迫切的問題來
了：我的公司要怎樣才能異軍突起？怎樣成為產業典範？簡言之，我要
怎樣成為商業模式的創新者？

商業模式創新年代

　　十年前，如果有人問你：一般人會不會以一公斤80歐元的代價買
雀巢Nespresso咖啡膠囊？或問：你信不信這世界有超過一成的人樂於
透過網路公開私生活一切細節──就像現在的臉書（Facebook）？十年
前，你恐怕會覺得提問者腦筋有問題。還有，當年你能想像到處有免費
電話可打、機票不用幾塊歐元或英鎊或美元嗎？不到二十年前，誰想得
到一家成立於1998年，名叫谷歌的新創公司所研發的搜尋演算法，締造
的財富居然會超過戴姆勒（Daimler）或奇異（General Electric, GE）？

　　造成這種演變的根源幾乎存在於各行各業，而當然，那根源就是商
業模式創新。商業模式創新點燃的砲火撼動天下，博得版面的程度也少
有對手，但究竟是什麼讓它影響如此深遠？

　　創新能力向來扮演企業成長與競爭力的關鍵角色。過去，一項出色
的技術解決方案或優異產品便足以奠定成功，於是許多技術扎實的公司
只顧「沉醉於技術」，競相推出功能強大的產品。到了今天，這卻不再
可行；加劇的競爭、持續的全球化、不斷茁壯的東方對手、產品的普及
化，在在侵蝕既有的領先地位。新科技、產業界線的消失、不斷改變的
市場與法令、前所未見的競爭者，一一形成產品與製造過程的生存壓
力。無論哪個產業，遊戲規則都在改變，這是無可迴避的現實。

實證研究顯示，商業模式創新帶來的效益確實勝過產品或流程革新（**圖1.1**）。根據波士頓顧問集團所做的一份五年報告，致力改革商業模式的企業，其獲利能力要比專注創新產品或流程的對手多出六個百分點。同樣的，全球最具創新能力的25家企業中，14家屬於商業模式革新者。與此呼應的還有IBM於2012年進行的一份調查結果：領導產業的傑出企業，創新商業模式的頻率較後段班高出兩倍。另外，波士頓顧問集團與麻省理工大學（MIT）史隆商學院（Sloan）在2013年合作的一項報告指出，企業能否開發出永續性產品，商業模式創新舉足輕重。在那些努力革新商業模式的公司中，六成以上欣見獲利成長。

當然，產品與流程品質仍然重要，這點不在話下，卻不再具有決定性的地位。我們已確實來到商業模式創新年代，公司的成敗將視其是否

圖 1.1　產品、流程的創新以外，新的商業模式也可引爆更多創新潛能

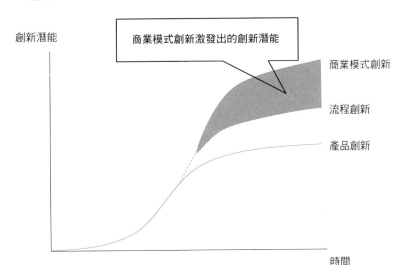

具備改革現有營運模式的能力，唯有如此，才能異軍突起，勝出對手。

企業明天的競爭利基，不再是新穎的產品與流程，而是前瞻創新的商業模式。

實際上，很多著名成功案例皆源自突破性的商業模式，而非因為某項明星產品：

- 沒有一間實體店面，亞馬遜（Amazon）卻成為全球最大書商。
- 蘋果本身不賣CD，卻是第一大音樂零售業者。
- 皮克斯（Pixar）於過去十年中贏得十一座奧斯卡大獎，影片中卻從未出現真人。
- 重寫影視出租經營模式的Netflix，也不曾擁有任何實體店。
- Skype本身沒有通訊網路基礎設施，卻是全球最大電信服務商。
- 全球最大咖啡連鎖店星巴克（Starbucks），賣的是標準化的咖啡商品，走的卻是頂級價位。

帶點偏執

創新競賽激烈，企業下場難料。波士頓顧問集團那套靠金牛利潤長治久安的理論不復適用。再怎麼成功的公司，都得時時檢驗自己的商業模式體質如何。不妨抱著些偏執態度；就像賈伯斯（Steve Jobs）所言，即便公司目前如日中天，你也必須質疑當前的成功模式，做好面臨危機的心理準備。這是一個競爭利基短暫如煙的年代，要持續壯大，唯有不時檢討根基，勤加鞏固。

商業模式的構成因子

「商業模式」這個名詞幾乎成了會議室流行語，常用來描述公司現況或突破：「若要持盈保泰，我們就得改變公司的商業模式。」要找出嘴上不經常掛著這四個字的經理人還真有點困難。話說回來，眾人對這名詞的確切定義卻始終莫衷一是；換言之，當一群人坐在那兒討論如何改變商業模式時，各人腦中想的恐怕相差甚遠。不用說，這樣的會議難有作為。

本書將介紹我們為此發展出的定義，簡單而全面，是適合做為研討工具的簡單系統，而非為了系統化擬定的複雜設計。

此一模式涵蓋四個面向，我們藉以下這個「神奇三角」來表示（**圖 1.2**）：

圖 1.2　商業模式創新

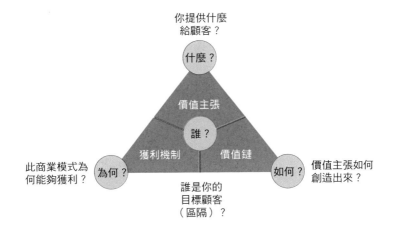

1. **顧客**：我們的目標客群是誰？你一定要充分了解哪些客群是你要掌握的，你的商業模式要針對誰。顧客位於任何商業模式的中心──永遠如此！絕無例外。

2. **價值主張**（value proposition）：我們提供什麼給顧客？這個面向界定了貴公司所提供的（產品與服務），並描述了滿足目標客群的方法。

3. **價值鏈**（value chain）：我們如何製造我們的產品與服務？要落實價值主張，必須先落實一連串的流程與活動，再配合相關資源、能力，即構成商業模式第三面向。

4. **獲利機制**（profit mechanism）：這個面向包含成本結構以及生財機制，由財務面揭櫫一個商業模式的立足點。如何為股東與利益關係人（stakeholder）帶來價值？或講得更簡單：這個商業模式行得通嗎？這是每家公司最核心的問題，第四面向則為此提供了答案。

這個圖形的目的，是讓你充分了解構成你的商業模式的顧客群、價值主張、價值鏈以及獲利機制，並為之後的創新奠定基礎。之所以稱為「神奇三角」，是因為只要調整其中一點（例如將左下角營業額極大化），另外兩點必然需要更動。

誰─什麼─如何─為何

總的來說，商業模式定義出你的目標顧客，你賣什麼，如何生產，何以獲利。這個誰─什麼─如何─為何所描繪的模式中，前兩者（誰、什麼）著重外界，後兩者（如何、為何）則強調內部。

要創新商業模式，這四個面向至少得調整兩個。若只改革其一，比方說價值主張，結果就只是產品創新。下面舉三個實例具體說明，企業或針對產業主流思維（dominant industry logic），或針對既往之商業模式，從兩個或更多面向展開創新：

- 戴爾（Dell）：這家電腦公司從1984年起便聚焦直銷手法，不像對手——如惠普（HP）、宏碁——透過中間經銷商（如何？），因此它有辦法以低廉的價格提供訂製商品（什麼？）。從顧客端直接收訂，戴爾掌握了實際需求這類的寶貴資訊，得以更有效率地控管存貨及合作夥伴（如何？）。它還透過「附帶銷售」（Add-on）概念擴大收入來源（「附帶銷售」此模式，在第二篇1會有詳細描述）：顧客在基礎商品外，可任意挑選額外元件組裝符合個人需求的電腦（為何？）。相較於業界主流營運模式，戴爾調整了神奇三角的每一個點，為價值創造與獲得打造出新的邏輯。

- 勞斯萊斯（Rolls-Royce）：這家英國飛機引擎製造商推出「按飛行小時包修」（power by the hour）的全新模式（「成效式契約」模式詳見第二篇38）：航空公司無需買下整具引擎，可以購買所需飛行時數（什麼？為何？）。業界做法是按成本計價的買斷模式，勞斯萊斯則改而持有引擎，負責所有維修（如何？）。從此勞斯萊斯擁有穩定進帳，透過效率改善持續降低成本。當製造低維修成本的引擎成為最高目標，員工心態也隨此績效為主的模式改變；不像過去，修理引擎是收入來源，與技術發展目標產生衝突。

- Zopa：這家成立於2005年的金融服務模式翻轉者，是全球第一個出現的網路借貸平台（「夥伴互聯」模式詳情參見第二篇37）。它

讓一般人貸款給他人（什麼？）。該公司媒合有意出借資金者和需要資金者，後者先列出所需數目及貸款條件（為何？）。跳過了銀行，債務人債權人都得到比較理想的利息。Zopa的收入來自向借款人收取的費用，出借資金者則免收費（為何？）。除了創造嶄新的價值主張（像是私人取代銀行角色，締造更優惠的利息），Zopa也改寫金融服務的獲利機制及價值鏈架構。

由上述幾個例子可見，商業模式創新必然牽涉兩個以上的面向：

總結而言，商業模式創新有別於產品或流程創新，起碼會大幅修正誰─什麼─如何─為何中至少兩個要素。

任何商業模式都是為求「牟利與獲利」，有意思的是，很多商業模式創新企業很善於為顧客牟利，自己卻不懂得如何獲利。就拿影片分享網站YouTube來說，它靠著廣告資金，免費讓使用者觀賞及上傳影片。自從推出這個創新模式以來，它打造了龐大價值：每天有20億左右的觀看者，每分鐘上傳影片長度超過48小時。網民如此捧場，問世七年的YouTube卻仍面對赤字！截至目前，它尚未找到一個獲利模式。

社群網站臉書同樣推出了極其成功的商業模式，而儘管成長穩定，公司在2012年首次公開發行時，股價卻一落千丈。獲利能力較前遜色是原因之一：使用智慧型手機的消費者機動性愈來愈強，造成廣告業務滑落，因為手機呈現廣告的效果大不如電腦。臉書於2014年以190億美元代價收購WhatsApp，便是希望藉此強化其獲利能力，讓公司能從為消費者創造出的龐大價值中分得夠大一塊餅。

成功的商業模式，既要為顧客創造價值，也要讓公司獲利。許多企業卻無法從中取得足夠獲益。

商業模式創新的挑戰

　　幾乎一整個世代的經理人都受過麥可·波特「五力」的思維熏陶。這本身沒什麼不妥，波特這套論述核心在徹底分析整個產業，找出公司相對競爭者的最佳位置，好取得競爭優勢。2005 年，金偉燦（W. Chan Kim）及莫伯尼（Renée Mauborgne）以「藍海（blue ocean）策略」首度跳脫波特理論框架，他們的論述重點是：要想成功打造商業模式，必須遠離刀光劍影的紅海（red ocean），去創造一片藍海，亦即無人競爭的新市場。商業模式革新者的口頭禪是：「不以擊敗對手為前提擊敗對手。」

　　要打造全新商業模式，唯一途徑就是**別再盯著對手**：宜家（IKEA）以價格親切但頗具風格的設計及嶄新銷售手法風靡家具業；英國搖滾樂團電台司令（Radiohead）推出《彩虹裡》（*In Rainbows*）專輯任歌迷決定價格，驚人之舉讓樂團聲名大噪，不僅一舉衝高演唱會票價，也讓歌迷忙著蒐藏他們之前的專輯。Car2Go 這家汽車租賃，則憑著按分鐘計價的汽車共享概念整個顛覆產業慣例。

　　既然如此，為何多數公司不改寫其營運模式，設法游入藍海呢？事實是，跨國企業投入商業模式革新的金額不到全部創新預算的10%（**圖1.3**）。殼牌（Shell）撥出研發預算的2%發展革命性專案，已引起業界

圖 1.3 跨國企業投資於商業模式創新僅占 10%

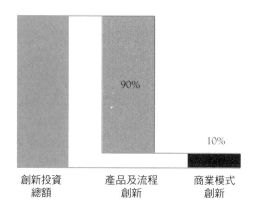

90%

10%

創新投資　　　產品及流程　　　商業模式
總額　　　　　　創新　　　　　　創新

譁然，被認為是魄力十足的創舉。中小型企業往往更少，甚至完全忽略革新商業模式這項課題。

　　然而，缺乏意願絕非問題核心；對商業模式欠缺了解，才是徹底創新的最大阻礙。我們發現，造成企業裹足不前、難以改寫營運模式，有三大挑戰：

1. **跳脫產業主流思維**並不容易。心理障礙壓抑了全新想法的誕生。
2. **產品和技術容易思考，要思考商業模式就難了**：人們偏好看得到、容易懂的具體事物。商業模式這類的抽象思考，往往令多數人裹足不前。
3. **欠缺系統性的工具**：有關創新最大迷思之一，就是過程必然極其混亂，要將革命性的創舉落實到市場，只有創意十足的天才辦得到。實際上，創新也是一件需要管控的課題。沒錯，方法與流程不可或缺，就像理髮師需要利剪、木工需要好鋸子一樣，負責商業模式創新的經理人也需要能善其事的利器。

挑戰一：跳脫產業主流思維

　　沉湎於既有光榮，很難生出新點子。即便觀念開放的領導人，往往也難跳出產業主流窠臼，企業高層幾乎只關注當前的金牛業務與競爭對手。沒有人活在真空世界，大家依存在由彼此價值鏈與競爭關係構築的產業中，商業模式皆不免受到牽制。社會制約讓人習於遵循慣例，知識愈豐富，愈容易陷入既有思考方式。就企業界來看，近幾十年的管理學派幾乎一面倒地鼓吹有力的「企業識別」（corporate identity），以強化競爭利基。

　　新進人員常對這種主流思維提出質疑，這些問題只有新人會有；然後他們會聽到資深前輩耐性回答：「這個產業不同，我們就是這樣，顧客不會接受別種方式的。」正如社會學家所稱的「正統」，這些信條有如牢牢刻在石頭上的銘文，是一群人長久凝聚的共同信仰，不容挑戰。

　　只有極少數企業——像雀巢——會系統性檢視不同背景的新人帶來的提問，視為一項點子泉源。從外引進想法可以有效打破員工的慣性思考，但很可惜，這類想法往往沒來得及開花結果，就遭到一種叫「非我族類」（not invented here）——一種組織或群體抗拒任何外來思維的心理現象——的症狀扼殺。是以，商業模式創新法一定要找出平衡之道，既融入外來想法，也吸納管理階層的意見。

　　公司高層往往很難理解脫離舒適圈有何必要：既有的商業模式不是仍帶來利潤嗎？然而當獲利開始下降之日，即模式得更新之時；慢一步，可能就面臨破產，董事會不得不減低各項成本，調整組織結構。麥可‧戴爾（Michael Dell）說得好：「改革得趁光景好。」

　　柯達就沒能抓住時機打破產業主流思維。實際上，第一部數位相機

是柯達在1975年發明的;他們沒敢推出,怕會影響膠卷攝影生意。當時,柯達的主要營收來自底片銷售和沖洗業務,相機相對在其營運模式中的重要性不高,他們堅信膠卷攝影不會被數位攝影影響。世人不會忘記:當這項新科技於1999年席捲市場,柯達還預測十年內數位攝影的整體市占率頂多五個百分點。這項誤判後果簡直不可收拾:2009年,剩下5%占有率的是膠卷攝影,其他全是數位天下。雖然它在1990年代不怎麼情願地與微軟(Microsoft)合力開發數位影像技術,到2008年更與TNT攜手擴大其位於羅徹斯特(Rochester)的研發中心,但一切都已太遲:遭自身主流思維綁架的柯達,2012年申請破產。

　　類似情節,出現在音樂界「五大」(環球Universal、華納Warner、BMG、索尼SONY、EMI)集團身上,他們都沒能及時脫離產業主流思維,一味依附現狀。弗勞恩霍夫研究所(Fraunhofer Institute,譯註:德國及歐洲最大應用科學研究機構)1982年開發出的MP3,讓音樂檔案分享變成舉手之勞,非法侵權網路分享如野火燎原勢不可擋。這幾家大公司未能正視此技術已然改寫音樂產業,只忙著跟Napster等新興競爭者對簿公堂。直到蘋果推出合法的音樂下載服務,五大企業這才頓悟:開放才是王道,音樂產業營運模式再不可能回到以前。不用說,蘋果穩穩坐上當今全球音樂業者龍頭寶座。

　　要找出商業模式創新靈感,一定得跨越產業或公司當前主導思維。不跳脫既有觀念的框架,不可能產生全新想法。

　　Streetline是個跳脫框架的成功案例,說到它,也要順帶一提與之合作的IBM。當時,停車產業總值約在250億美元之譜,幾乎難見任何創

新之舉。Streetline在全美成千座停車場——還包括德國某些地方——裝設超低功率的便宜感測器，判斷停車格的使用狀況，若停有車，是靜止或移動狀態。感測器透過無線網狀網路將訊號送到安置於路燈上的發送器，再傳至網路，提供即時應用。

Streetline的主要客群並非一般駕駛，而是地方政府。市府可從這套系統賺取巨額利潤，自是興趣盎然。以往，不繳停車費的民眾約占五到八成；有了這系統，政府可輕鬆找出這些害群之馬並繩之以法。超出應停時間的車子，出場時機器馬上判讀出來。這套系統不僅提高了政府收入，還因省下所需人手而減低了成本，增加停車場的利潤率。

到下個階段，這個商業模式可進一步加強。找尋停車位的駕駛，為各城鎮交通收入貢獻三成進帳。這個解決方案，既能降低壅塞，減少能源耗費，更一舉除去眾人心中大患。

挑戰二：產品和技術容易發想，思考商業模式則難

這一點，加上眾所以為商業模式創新必得先有了不得的新科技（見下一節的「BMI迷思」），使得商業模式甚難突破。新科技確實重要，但其本質都相差不遠。網際網路、自動辨識技術（如RFID無線射頻辨識系統）、雲端運算，都是眾人皆知、唾手可得的先進科技，重點在如何應用，以革新自身企業。真正的革新，是挖掘出一種新科技的經濟發展潛能（economic viability）——換言之，即挖出對的商業模式。

範例之一是：保險業的「隨里程數計收保費」（Pay As You Drive, PAYD）原則。這些年來，汽車保險業者開始提供一些結合先進科技的保險方案。基本上，車載資通訊系統（telematics）汽車保險，就是直接追蹤駕駛記錄，將之反映至保費上。一般而言，被保人車內會裝有記

錄傳輸機盒，偵測如剎車力道、時間、駕駛距離等資料。保險公司據此推算駕駛發生意外的風險，調整保費。這項系統還可透過其他高科技加強，如：全球定位功能、事故地點快速定位等。

雖結合了這些高科技，PAYD的發展卻不如預期，關鍵在沒有用於對的商業模式。2004年，包含諾里奇聯盟（Norwich Union, 譯註：英國大型保險公司）在內的幾家保險業者，因為PAYD保單太少而砍掉這項業務。諾里奇聯盟的問題出在過於複雜：它讓自己像隻看門狗，監視被保人駕車的一舉一動、地點時機；再者，它將該項收入綁在處罰不良駕駛行為所收的高保費上。簡言之，這是個缺乏深思的商業模式，根本難以吸引顧客，注定沒有前途。

隨後跟進者可學到了教訓，懂得大幅簡化保單；其中可以奧地利的UNIQA、瑞士的安聯（Allianz）為代表，他們推出三個簡易功能：緊急按鈕，撞擊感測，尋車（CarFinder），還有一組專線與之配合。其背後使用的科技，就是個簡單的自動呼叫系統（ecall）、感測器、全球定位系統。一旦發生緊急事故或車禍、遭竊，此一系統能馬上提供救援。這套模式比先行者的聰明許多：規則簡單好懂，保費明顯降低，程序一目了然，保險業者保證除非收到通知，絕不在一般情況追蹤駕駛。至於營收模式，則是免費安裝機盒，按月收取費用。

以此為鑑，各家業者又推出更簡單明瞭的「事故記錄器」。被保人若捲入事故，記錄器便啟動30秒橫向與縱向加速度追蹤，記下時間日期，事故現場得以迅速重建，為肇事責任提供客觀證據。此商業模式與前述專線盒雷同：可確保更優質的法律依據，降低其他項目的保費，資料不會永久保存，機器免費提供與安裝。

Progessive公司隨即配合構思縝密的商業模式，推出「快照」器。

這是由顧客自行插電追蹤駕駛習慣的儀器，不記錄地點與行車速度，也不依靠全球地位系統。儀器追蹤的參數包括：日期、駕駛里程、急踩剎車次數。這些資訊直接影響保費，整體來說都明顯下降。推出以來，在美國約已獲100萬名消費者採用。

　　於此同時，英國的insurethebox也推出保險業最為創新且最具賺頭的商業模式。他們將PAYD與一些既有手法結合，像是顧客忠誠方案、附帶銷售、聯盟、體驗行銷等模式（見本書第二篇）；結果該公司寫下PAYD史上成長最快速的一頁，並獲得2003年全英保險獎（British Insurance Award）。其運作模式如下：

- 透過內建的「車載資訊盒」（in-tele-box）記錄駕駛習慣，並傳輸到駕駛人專屬網路平台。機器安裝免費。至此都是業界標準流程。

- 接著，insurethebox獨家好玩的上場了。首先，駕駛選擇自己預估一年要保的里程數，據以估算單一費率；沒用完的里程數則直接作廢。

- 上述里程再配合一種獎勵性保費計算：優良駕駛行為，每月最高可獲額外100英里，被保人不僅可安心跑更遠，還可獲得下年度保費減免。這兒沒有如「快照」提供的直接金錢利益，而是類似「飛常里程匯」（Miles & More）航空常客方案帶給顧客的實惠感。

- 額外加購的里程，費用提高，合乎「附帶銷售」原則。

- 另外，insurethebox創造了一種合夥方案，被保人只要在專屬平台購物，即可累積更多里程。這就是「聯盟」模式，合夥人付費加入平台。

- 最後，這項產品有一強大的情感因子：與臉書等社交網站連結，使

　　得在大英帝國累積保險里程成為一椿有趣的社交事件。

　　這個目前全英最大保險業者創下的佳績有多了不起呢？我們來看看吧：每月6,000位新客戶，投保人數三年衝到10萬，行車事故機率下滑四成，且未來榮景可期：據估計，2020年，歐洲以車載資訊為主的保單收益將達約500億歐元，被保人數於2017年上看4400萬。

　　PAYD的故事說明，空前成功不必然來自科技，而是透過創新營運模式的突破應用。

挑戰三：欠缺系統性工具

　　缺乏有助於創造性、發散式思考（divergent thinking）的系統化工具，是我們認為的第三個重要挑戰。要創新商業模式，此種工具不可或缺。美國科學家喬治・蘭德（George Land）曾研究年齡與發散式思考的關係，他用一份創意測驗考察1,600名分佈各年齡層的孩童，該測試題原是美國國家太空總署（NASA）為招募富有創新能力之工程師及科學家所設計，蘭德為其研究適度略作修改。十題全部答對的小孩，被歸在創意天才群。

　　結果令人瞠目：

天才群占比

- 3~5歲：98%
- 8~10歲：32%
- 13~15歲：10%
- 成人：2%

「我們得出的結論是，」蘭德如此寫道（1993年）：「非創意行為乃後天習得的。」換言之，成人較缺創意，故需創意技巧予以啟發。有意思的是，這類工具頗多，在商業模式領域卻付之闕如。

整體而言，商業模式創新仍是讓諸多經理人畏懼的晦澀課題，下面列出幾項他們常有的迷思（參見**圖1.4**）：

● **先行者迷思**：「能夠在商場大獲成功的，必定是擁有前所未見的好點子。」實際上，創新商業模式往往借自其他產業，舉例而言，查爾斯・美林（Charles Merrill）創辦美林證券公司（Merrill Lynch）時，就刻意採用超級市場概念，從而創立金融超市此一商業模式。

圖1.4　商業模式創新迷思：一一擊破，成功創新

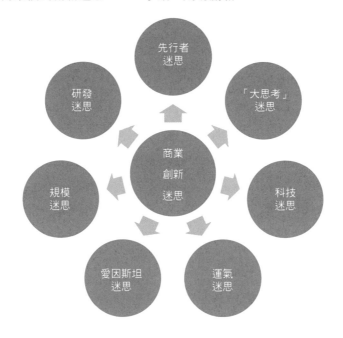

- **「大思考」迷思**：「創新的商業模式必是空前激進的。」多數人以為新的商業模式等於網路企業的大躍進，事實上，它可以像產品創新那樣循序漸進。舉例來說，Netflix 郵寄影音光碟給消費者這種模式絕對是一小步，卻帶來巨大成功，因為網路，該公司得以茁壯成為線上影音串流業者。

- **科技迷思**：「每項革新的商業模式背後，必然擁有驚人新科技。」科技雖是帶動商業模式創新成功的重要因素，本質上卻不見得有大突破；懂得用它來改革企業營運，才是創意的真正核心。只為技術而鑽研技術，是許多創新計畫失敗的主因；懂得挖掘一項新科技的經濟潛力，才是真正革命性的因子。

- **運氣迷思**：「商業模式創新全憑運氣，根本無法步步為營。」事實是：革新商業模式所需投入的努力，就像打造新產品、新技術、新的售後流程或物流概念一樣，都需要動機與毅力。你得像進行蠻荒探險般詳加規劃。步步為營無法保證結果，卻能大幅提高成功機會。

- **愛因斯坦迷思**：「唯有充滿創意的天才有辦法想出真正顛覆性的點子。」今天，成功愈來愈少來自一位明星；跨部門合作的團隊與企業已取代昔日閉門造車的發明家。創新不再仰賴個人才智，而是團隊成果，在商業模式尤其如此。欠缺合作，任誰的天才點子也終將只是個點子。很多人以為 iPod 是賈伯斯的傑作，實際上，一開始是位名叫東尼・費德爾（Tony Fadell）的資訊自由工作者帶著 iPod 及 iTunes 的點子來找蘋果公司，之後才在蘋果指揮下，由一個 35 人小組合力造出 iPod 原型。該小組成員不僅來自蘋果本身，還包括設計公司 IDEO、Connectix（譯註：軟體公司）、General Magic

（譯註：致力研發新一代手機，如今已結束）、WebTV、飛利浦（Philips）。另外，歐勝（Wolfson, 譯註：英國IC設計公司）、東芝（Toshiba）、德州儀器（Texas Instruments）則攜手負責技術設計部分，每賣出一部iPod可抽15美元。iPod傳奇實乃由一個多樣團隊寫成，各人發揮專才通力合作，才有此驚天巨作。管理大師們常喜撰述有關天才與其靈感閃現的迷思，讓世人有英雄可崇拜。而這些人若真的單槍匹馬，恐怕都難有那些壯舉。

- **規模迷思**：「重大突破要有龐大資源。」真相是：最重要的商業模式革命，來自小型的創新公司。看看全球三大網站與其背後的公司吧，當初這些公司無一不是產業門外漢：谷歌由賴瑞・佩吉（Larry Page）與舍吉・布林（Sergey Brin）於1998年成立；臉書由馬克・祖克伯（Mark Zuckerberg）創於2004年；YouTube由查德・賀利（Chad Hurley）、陳士駿（Steve Chen）與賈德・卡林姆（Jawed Karim）創於2005年。就線上點閱排行來看，排名最高的「舊經濟」（old economy）企業屬英國廣播公司的BBC Online，排第四十名（！），其他全是新創公司。誠然，將這些商業模式落實擴大需要相當資金，但成功的網路企業起步時多半很小，卻很有腦筋。成立許多事業，創辦AutoScout24（譯註：瑞士知名汽車交易網站）的喬琴・休斯（Joachim Schoss）告訴我們：「為什麼大企業做不到？正因為他們資源太多。」資源多沒用，對的點子和足夠的勇氣才更重要。

- **研發迷思**：「有研發部門，才有重要創新。」實際上，商業模式創新的本質是跨領域的。科技地位固然重要，沒有考量到商業模式則毫無意義。改革可源自組織各處，如我們那四面向所示（誰—什麼

—如何—為何）。向來負責產品創新的研發部門重要，其他部門也益形重要，包括策略、行銷、售後、資訊、製造、物流、採購等。「商業模式創新是每個人的職責——從股東到守衛皆如此。」費斯托集團（Festo Didactic, 譯註：全球自動化技術供應暨工業培訓要角）總經理西奧多・尼浩斯（Theodor Niehaus）如是說。

破除這些迷思是我們的目標。坐領高薪，經理人的主要任務應在創新，而非管理日常業務。領導者之有別於行政人員，在能激發創新；換言之，領導者要具備創業者心態及創新能力。

商業模式導航

2

　　商業模式導航的原則，其實與知名產品研發工具「萃思」（TRIZ）
雷同。用於機械工程的TRIZ理論，是四個俄文單字第一個字母的縮
寫，意為「發明問題的解決理論」（theory of inventive problem solving），
重點為：欲解決技術體系中存在的技術衝突與物理衝突，應透過三個步
驟：確認，放大，消除；而在仔細分析4萬項專利之後發現：各領域的
技術問題，其實皆可透過幾種基本原則解決。這項研究帶來TRIZ此一
知名創新工具，涵蓋四十個創新原理，諸如「分割或分離」「拋棄受損
零件」「運用不對稱」「整合類似零件」「反制或強化」。化身為軟體，
TRIZ已成為現代工程不可或缺的工具。

　　我們自己的研究目標，其實正是希望能為商業模式創新立下類似的
工程法則。根里奇・阿奇舒勒（Genrich S. Altshuller, 譯註：蘇聯工程師
暨研究學者，TRIZ即為他所提出）檢驗的4萬項專利，不過是全球所有
專利中的九牛一毛，卻絲毫不減TRIZ做為機械工程最重要設計工具之
一的地位。我們所研究的商業模式，涵蓋近五十年崛起的絕大多數，加
上一百五十年來幾個深具指標性地位者。而除了分析佼佼者成功之道，

我們也深入探討某些模式失敗的緣由。

　　商業模式導航（**圖 2.1**）以行動為基礎，由此，任何企業都能掙脫產業主流思維的局限，打造全新模式。成功案例見諸各行各業，適用於各種公司規模。其核心概念為：透過創造性模仿及重組，便有機會建構出成功的商業模式。

創造性模仿及重組之可貴

　　創新發明往往是既有事物之變種──只是存在於別處，例如其他產業、市場或大環境。從頭發明輪子毫無意義，無視前人軌跡，只會走入死胡同，仔細觀察既有成果，則能從中深得啟發。據我們研究，九成成

圖 2.1　商業模式導航

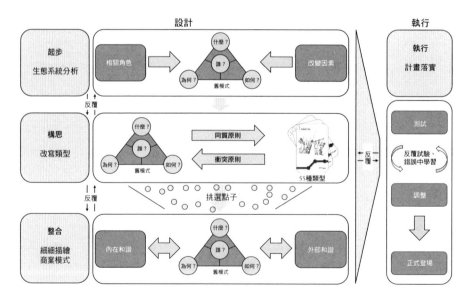

功的商業模式創新案例其實是草船借箭，將當今其他模式的因子重新組合，重點是要融會貫通，把那些類型靈活演繹到自己的產業。這不像抄襲那麼簡單，卻能夠打通公司任督二脈，從而改寫產業形態。

所謂新的商業模式，其實九成並非全新，而可歸納於55種現有類型中。聰明的仿效其他產業之商業模式，你的公司將很有機會領先產業創新。但不可忘記：有樣學樣不足以成事，深入貫通才是祕訣。

身為研究學者，我們對此發現深感訝異；我們原以為商業模式創新是近乎天崩地裂的巨變，實際上那是一種相對狀況：某種創新在該產業掀起滔天巨浪，對整個商業環境則不然。重點在掌握其他業界營運模式要素，了解各要素間的相互作用，巧妙應用到自己所處環境──一言以蔽之，即創造性模仿（creative imitation）。

我們的研究顯示，所有商業模式不脫55種範疇。能將誰─什麼─如何─為何這四大面向成功架構者，即所謂商業模式。本書第二篇將以描繪地鐵線的手法，一一介紹這55個類型，並列出將之融入營運模式的企業。某些模式同時採用多種類型，等同於地鐵圖上的轉運站。

商業模式導航地圖，呈現出各種模式之交互作用，助你釐清自己的業務定位。其中有顯著的一致性：當一項創新沿用到其他產業，不易掀起如之前一般高的巨浪。

我們且先透過「訂閱」及「刮鬍刀組」兩種類型，說明創造性模仿及要素重組之重要性。其他類型留待第二篇。

訂　閱

　　消費者經由訂閱（**圖2.2**，也可見於第二篇48），按月或按年繳費（為何？）得到某商品或服務（什麼？）。儘管存在已久，這項手法用於現代不同情境仍能激發可觀效應。例如雲端運算公司Salesforce，即因率先採用訂閱式服務而非一次賣斷使用權，顛覆了軟體業商業模式，躋身全球十大成長最快企業之一。

　　其他運用此手法革新商業模式的企業尚包括Jamba：歐洲一家販賣手機鈴聲訂閱服務的公司，以及Spotify：以線上串流免費提供數百萬首歌曲，而消費者也可透過訂閱，享受更上一層的服務。美國的Next Issue Media則推出網路雜誌訂閱：月費15美元，可飽覽七十多種雜誌。

刮鬍刀組

　　刮鬍刀組（**圖2.3**，也可見於第二篇39）的主要概念是：以低廉價格、甚至免費供應主要產品給消費者，再以高價販賣必須仰賴前者使用的耗材（什麼？為何？）。為確保顧客回頭購買自家耗材，要能夠建立如專利權、強大品牌等退出障礙（為何？）。約翰・洛克斐勒（John D.

圖2.2　訂閱型商業模式

顧客定期付費以獲得商品／服務，以月繳或年繳為常見

Salesforce (1999)　Blacksocks (1999)　Spotify (2006)　Next Issue Media (2011)

Netflix (1999)　Jamba (2004)　Dollar Shave Club (2012)

圖 2.3　刮鬍刀組商業模式

基礎元件很便宜，甚至免費贈送，至於必須經常更換的必要配件則定價昂貴，利潤豐厚

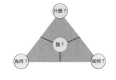

| 標準石油 (1870) | 吉列 (1904) | 惠普 (1984) | 雀巢 Nespresso (1986) | 蘋果 iPod/iTunes (2003) | 雀巢 Special. T (2010) | 雀巢 BabyNes (2012) |

Rockefeller）打造的標準石油公司（Standard Oil Company）被視為此手法先驅：它在19世紀末販賣十分便宜的油燈，而油燈所需補充的油則來自該公司，要價不菲。幾年後，此手法見於刮鬍刀片業——此類型即由此得名；吉列（Gillette）四處散發免費的刮鬍刀座，再以高價販售搭配使用的刀片。

惠普窺見這在影印業可發揮的潛力：低廉的印表機，昂貴的碳粉匣。雀巢用它打造了 Nespresso：咖啡機不到150美元即可入手——所需搭配的濃縮咖啡膠囊，卻比一般研磨咖啡貴五倍。

當今頂尖創新企業之一的蘋果，也將此手法融於其商業模式，只不過順序顛倒。它以低廉的價格販售歌曲、軟體、電子書，所需硬體如iPod、iPhone 或 iPad 則相對昂貴，2010年，蘋果從硬體所得盈餘為300億美元，是前者總和（僅5000萬美元）的60倍。

創新商業點子之策略

企業由此55種模式汲取商業新點子，大致上採取三種策略（圖2.4）：

圖2.4　三策略激發新點子

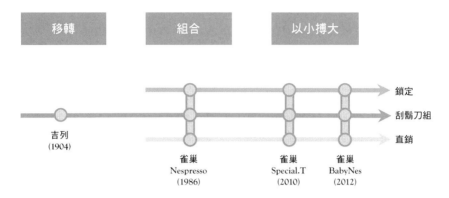

Source: Gassmann, Csik and Frankenberger (2012) 'Aus alt mach neu', *Harvard Business Manager*, 2012

- **移轉**（transfer）：將既有模式搬到不同產業（如：刮鬍刀組挪去咖啡業）屬最常見策略。主要好處：可參考前車之鑑，避免重蹈覆轍，使你成為所屬產業創新領袖。主要挑戰：要有充分時間進行實驗與調整。

- **組合**（combine）：移轉及組合兩種商業模式，格外有創意的企業甚至可同時採用三種模式（以雀巢的Nespresso為例，便同時用了刮鬍刀組、套牢及直銷）。主要好處：綜效形成對手的跟進障礙。主要挑戰：規劃與執行相當複雜。

- **以小搏大**（leverage）：公司將成功之商業模式套用至另一產品線（如雀巢把Nespresso的模式用到膠囊泡茶機Special. T與幼兒營養系列BabyNes）。這是一流創意企業才有辦法玩的策略。主要好處：享受經驗與綜效帶來的利益，風險可以控制。主要挑戰：改革與穩定如何平衡。

　　以上策略可獨自運用也可同時並進。企業可從這些洞見獲得什麼教訓呢？首先，公司要虛懷若谷，學習其他產業的智慧，自己的未來潛能或許就藏在這些產業革命典範。思索新點子，何妨以這55種商業模式為師？能讓別家企業開創新局的類型，何以不能適用於自己？當然，照單全收行不通，就像1990年代的主流方法也不可能一體適用於所有企業。盲目抄襲成不了氣候，唯有能夠深得個中三昧懂得靈活挪用者，才有機會成為革新者。重點在真正學習，悟出各企業及產業間的差異，抓出可立即上線的模式做為開始。

　　移轉商業模式看似不難，卻充滿挑戰，需要創意。**圖2.5**是我們的商業模式構成的地鐵路線圖，以路線標出一些常見類型，且註明有哪些企業曾加以善用。

　　這套方法融入許多外界來的點子，那是打破產業主流思維所不可或缺的。我們也特別保留了相當彈性以便調整，跨過排斥。商業模式導航之核心構思工具，便是重組這55種類型，再發展出屬於你自己的創新模式。

　　這項導航系統有兩個不同階段：設計，然後執行。首先要完成分析與發想部分，這是不斷反覆的設計循環；找出潛能，並提出概念雛形之後，進入執行階段：成立組織，定義首航工程（first pilot），確認主要使用者及市場。整個導航系統包含四個步驟：

1. 起步
2. 構思
3. 整合
4. 執行

圖 2.5　地鐵線

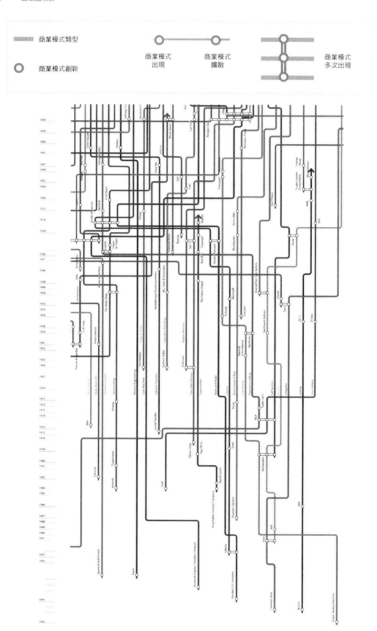

起步：生態系統分析

動手起草新的商業模式之前，要先定義出起點和明確方向。商業模式絕非孤立的存在，而是隨企業所處生態系統（ecosystem）起伏的複雜網絡。要通過這項挑戰，不僅須徹底了解自身企業及現存模式，也須充分認識股東與各種因子扮演的角色（**圖 2.6**）。此時不妨從這個練習做起：詳細描述目前的商業模式，包括它與眾關係利益及各影響因素間的交互作用。重點是，讓你的視野逐漸成為動態。

根據我們進行工作坊（workshop）的經驗，描述自家商業模式其實頗有難度，即便有二十多年業界經驗的老手也往往支吾其詞，難以描繪自家模式，更講不出背後的產業思維。所以，此一步驟需要充足的時間。就大企業而言，必得涉及不同部門、功能的員工，才可能勾勒出整個商業模式全貌。與此同時，也可順便讓大家了解商業模式概念，對所處現況凝聚共識。多數員工恐怕只熟悉本身作業範疇，或許行銷，或

圖 2.6　起步：分析你的生態系統

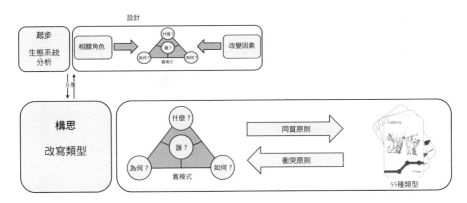

許財務等；但成功的模式創新往往有一髮動全身的影響，讓員工對其他領域有基本了解，實有其必要。再者，最好還能有來自其他產業的參與者；愈有經驗的員工，愈常出現見樹不見林的問題。

描述自家模式時，需要保持一點距離，以免捨本逐末。了解整體商業模式及產業思維才是目標，但也不能太過籠統，才不至於漏掉重要問題。正如以有限理性理論（bounded rationality）榮獲諾貝爾獎的賀伯·賽門（Herbert Simon）所言：「解決問題，不僅在尋找可行方案，也在尋找問題本身。」

眾人在分析商業模式時，往往被日常工作細節遮蔽視野。不妨試著登高望遠，冉冉上升至離地三萬呎，這絕對比較能導引出對產業主流思維的剖析。

光是定義自家商業模式這個步驟，就是改革的重要先鋒。透過這種分析，大家常可看出以往沒發現的問題，激發出改變的動力——那正是創新的重要層面。「原來我們的模式跟業界主流思維沒什麼兩樣」，這種領悟，喚醒眾人改革的熱切。蘋果、谷歌能異軍突起，雄霸一方，絕非因其謹守遊戲規則，而是有辦法自創規矩，打破主流。

我們建議，不妨依據誰—什麼—如何—為何這四個主要層面，來描述你既有的商業模式。下列問題應有所助益：

- 誰？（顧客）
  —誰是我們的主要客層？
  —顧客期待何種關係？我們如何維繫？

－誰是最重要的核心顧客？

－還有哪些必須考量的關係利益人？

－我們經由哪些鋪貨管道來服務顧客？

－誰會影響我們的顧客（意見領袖、利益關係人、使用者）？

－針對同一客層，各部門可有不同做法？

－我們顧客背後是誰？未來十年會是同樣一群人嗎？（我們常忽略了顧客後面那些人，尤其在 B2B 的交易模式中。）

● **什麼？**（價值主張）

－我們幫顧客解決了何種問題？滿足了哪些需求？

－為達到上述目標，我們提供了哪些產品與服務？

－顧客的感知價值（perceived value）是？通常，這不等同於產品或服務的技術規格。

－我們為顧客創造了哪些價值或利益？我們如何溝通這些好處？

－我們的產品服務與競爭者的有何差異？顧客面臨哪些選擇？

－我們目前的商業模式能充分滿足顧客所有需求嗎？

● **如何？**（價值鏈）

－我們的產品與價值主張背後有哪些核心資源？（如：實體資源、勞工、財務、智慧財產？）

－我們需要哪些職能及關鍵工作事項？

－我們的價值鏈可有充分運用核心職能？

－我們最重要的夥伴是誰？他們與我們公司關係如何？帶給我們什麼？

－我們最重要的供應商及夥伴是誰？他們有何貢獻？

● **為何？**（獲利機制）

一顧客為何要買我們的商品與服務？

一我們主要收入來源是？

一營收從何而來？什麼讓顧客願意掏腰包？

一我們主要的成本為何？主要來自何處？

一就目前的收入模式而言，主要財務危機落在何處？

了解相關角色

商業模式創新要成功，必須了解企業所處商業生態系統（business ecosystem）中的所有角色。實際上，過去幾年最厲害的創新發明（如 iPod、iTunes 等）多不是純由內部發展出來，而是與外界緊密合作的成果。

SAP 是我們的研究夥伴，這家總部設在德國的軟體公司是全球企業軟體市場領導者，它就有一張綿密的關係網與十分成功的商業模式。而他們也以此網絡心態，做為本身商業模式分析發展的起點。**圖 2.7** 即呈現企業所有相關角色網：除了企業本身，尚包含顧客、夥伴、競爭對手。

◎顧　客

進行這類生態系統分析，首先一定要徹底了解顧客需求，這是商業模式創新點子的重要來源。而且，不僅要思考目前顧客，也要把潛在及未來顧客納入考量。

舉例而言，星巴克比誰都更早意識到：消費者要的不只是咖啡，他們還希望在一個溫馨舒適的環境裡悠然的享受這杯咖啡。這個體會的實踐，造就兩萬多家生意興隆的星巴克。西班牙時尚業的 Zara 不斷修剪營

圖 2.7　SAP 之商業模式相關角色系統

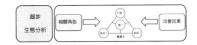

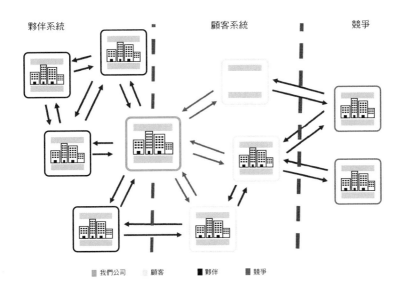

■ 我們公司　　顧客　　■ 夥伴　　■ 競爭

運模式,以期能在最短時間滿足消費者的莫測需求;它整合為一條鞭:
從設計、製造到銷售全部一手包辦,最新系列上市只需幾週,一舉顛覆
時尚規則:過去這整個流程往往不下九個月。

　　最近,有些公司更進一步,不僅直接傾聽顧客意見,甚至邀他們參
與商品研發。CEWE,歐洲領銜工業攝影業者,即打造了一個根據顧客
在公司網站聊天室建議而發展出來的商業模式,進而成立viaprinto.de,
專門負責文件、平面廣告類的線上印製。許多既有顧客在聊天室表達
強烈期盼,希望能把手中一些微軟、PDF等檔案以高級的專業水準印出
來,誕生於2010年的viaprinto.de迅速獲得產業客戶的廣泛支持。該商

業模式陸續獲得創新獎的肯定。

　　T恤製造商Spreadshirt讓顧客自行設計他們想買的T恤。公司創始人盧卡斯‧加多斯基（Lukasz Gadowski）說：「我們授權讓顧客做他們想做的事。」一心以此為念，該公司真正把顧客需求放在商業模式正中央。

　　反之，若企業進行新品及商業模式創新階段沒慎重考量顧客需求，後果可能不堪設想：

- 1950年代初期，克萊斯勒（Chrysler）便意識到一個延燒至今的趨勢：女力崛起。針對此逐日重要的族群，他們率先推出一款玫瑰色的道奇（Dodge），取名為「女人」（La Femme）。當時這款新車在市場摔了個大跟斗，倒是之後成為另類經典。

- CargoLifter決定把舊科技放到新用途。該公司創立於1996年，專以齊伯林飛船載運鐵公路無法運送的重大貨物。他們做過調查，結果顯示市場有此需求；起初有多方表示興趣，ABB、奇異、西門子（Siemens）等重型機械製造商樂意負責組裝，測試，完整送抵，預製件可直接送到建橋工地當場安裝。問題出在，CargoLifter應該詢問的，其實不是產品經理、研發人員或物流專家。要簽約時，律師指出空運重貨的風險太高，萬一氣渦輪機墜落到民屋怎麼辦？除了對這類風險考慮有欠周詳，他們也無法獲得融資，成本卻隨著解決技術細節不斷攀升。2002年，基於齊伯林飛船貨運CL160無法找到足夠資金，CargoLifter不得不申請破產。

- 如果對顧客了解不足，即便谷歌這樣的大公司也不免碰壁。讀者們恐怕都不記得Google Video了，那是谷歌企圖從YouTube串流影音

市場分一杯羹的嘗試。YouTube的使用者早已被慣壞，根本無暇深究Google Video種種附帶條件。最終，谷歌別無選擇，只有收掉該部門，重金收購YouTube。

◎夥　伴

除了顧客，其他重要角色包括有助於為顧客創造價值者，諸如：供應商、通路商、解決方案提供者，或像研究公司、顧問、聯盟等間接參與者。就激發新點子而言，這些角色的重要性不下於顧客本身，且經常是想法落實的推手。

全球加工工程龍頭、無疑也是歐洲最大食品業與先進材料企業之一的布勒（Bühler），擅長產品研發的生產技術與服務。它和某營養補充食品公司密切合作，開發出「維力米」（NutriRice）──一種營養強化米。為開拓潛在客源，布勒與DSM合資，專門生產維力米，並供應至各大米廠，讓後者無需花費龐大研究經費也能進入這個區隔市場。如果市場反應熱烈，米廠可決定要繼續跟上游的合資公司購買，或自行投資生產。無論哪種選擇，布勒都將受惠：或從成品銷售，或從販售技術。

愈來愈多公司體認到外界角色的價值，逐漸從以往偶發性的合夥研發，轉而有系統地將夥伴納入研發架構中。有些企業利用群眾外包（crowdsourcing, 見第二篇9）把某些工作交給外部特定族群。消費品公司寶鹼（Procter & Gamble, P&G）已成箇中翹楚，透過「連結與開發」（Connect + Develop）專案，將新點子與商業模式的發想外包給群眾，希冀與世界一流創新頭腦攜手。寶鹼走出傳統的內部研發，改以「外部洞見」（outside-insight）進行產品研發與行銷，目前該公司新品計畫五成以上源自於此。這些夥伴提供的點子無奇不有，面貌也無所不包：小

公司、跨國企業、研究單位、發明家，甚至包括地球另一端的競爭者。昔日側重內蘊知識的寶鑑，變身為機動靈活、商業導向的知識掮客。

◎競爭對手

對手也頗多可資學習之處。西班牙《都市報》（*Metro*）於2001年成為首家全由廣告商贊助的報紙，其商業模式隨即引來諸報跟進，包括Recoletos推出的免費報*Qué!*。排山倒海而來的競爭，迫使西班牙《都市報》——全球《都市報》分支——不得不於2009年停發免費報，當時*Qué!*則氣勢如虹，每日發行量近百萬。這個例子告訴我們，即便不是創新領頭羊，只要反應夠快，絕對可以分得一杯羹。戴姆勒的Car2go是第一家走出按分鐘計費的租車公司，市場一打開，多家對手隨即跟進且紛紛獲得一席之地，像是德國鐵路股份公司（Deutsche Bahn）的Flinkster、BMW的DriveNow、福斯（VW）的Quicar。從顧客量來看，Flinkster於2012年在德國擁有超過19萬名，成為市場領導者（49%），Car2go以18%的市占率排名第二，再來是DriveNow（11%）與Quicar（1%）。

影響因素分析

除了洞悉主要角色，你也必須了解帶來改變的主要因素，知道那會對你的商業模式產生何等影響。進行生態系統分析時，兩個影響因素值得格外關注：(1) 科技，(2) 大趨勢（mega trend）。

(1) 科 技

很多成功的創新模式，正是由於科技進步所致。一方面，及早採用破壞性科技確實可能促進商業模式創新；另一方面，科技進步卻也可能

埋下極大風險。不少紅極一時的營運模式日暮西山，就是不曾察覺新科技、甚至替代科技的顛覆性，之前提到的柯達即為一例。所幸，只要仔細觀察，這類危機不僅可以躲過，還能從中創造獨特商機。

首先，務必心中有未來。科技發展一日千里，絕非線性前進，看看今天的科技樣貌，豈是幾年前所能比擬——這種情況只會隨著時間更劇烈演進，所以務須留意科技進展可能帶來的新模式，否則就可能遭到無情汰換。除了內部積極研發創新，最好的做法無非時時評估科技趨勢對當前及未來的影響，包括合作夥伴與競爭對手的技術革新（比方說，某種商業模式或許會遭到供應商的某項技術創新蠶食）、顧客面衍生的科技趨勢（例如：智慧型手機的普及，B2B模式必須充分因應）。

且讓我們回顧一下：2002 年，加拿大行動研究公司（Research in Motion, RIM）推出首支普及化的智慧型手機「黑莓」（BlackBerry）。當時智慧型手機價格不菲，幾乎只見於商場使用。隨著其他製造商加入，這道壁壘逐漸被打破，2009 年，全球智慧型手機與平板電腦總銷量已超過傳統電腦——打從這項科技問世，不過區區七年。同樣，Skype 的成功，整個改寫電信產業面貌，並使網路協議通話技術（VoIP）受到廣泛運用。

但必須強調：並非所有研發出新科技的公司必然能享受成果。創造出價值進而享受價值，一定要有對的創新商業模式。2009 年，哈佛教授克萊頓‧克里斯汀生（Clayton Christensen）及其同事就說過：「放眼創新發明史，淨是握有破壞性技術卻無能獲利的公司；之所以如此，是因為他們沒能相對舉出破壞性的商業模式。」1982 年，德國弗勞恩霍夫研究所在MP3數位音樂的發展獲得卓越成果，每年因此進帳數百萬美元。2003 年，蘋果推出iPod及iTunes，兩者使用的也是MP3技術；

僅僅三年，就為蘋果賺進數十億元年收入——發明這項技術的弗勞恩霍
夫也只有乾瞪眼。

空有卓越衛星電話技術的銥衛星（Iridium）也是一例。1998年，
該公司花費50億美元，發射66顆衛星到地球同步軌道。衛星手機昂貴
笨重，每分鐘8美元的通信費遠非一般大眾所能負擔，再者，通訊範圍
無所不包——只除了大樓；這無疑使得經理人——目標客群——用不上
這產品。當初預估顧客數200萬，結果只賣出55,000支。2000年銥衛星
宣告破產。

全錄（Xerox）在找到適合的模式之前，抱著創新科技卻始終賺不
了錢。1959年它研發出可快速影印的新技術，但機器太貴以致賣不出
幾部，直到全錄找到出路：一個嶄新的商業模式，讓客戶以合理價位租
賃影印機，再按使用張數另外付費。憑此商業模式，全錄營收由1959
年的3000萬美元，1972年衝到25億。

七個值得留意的資訊科技相關趨勢

資訊業產生的網路、雲端與各種新近發明，不斷激發新的商業模式。
下面舉出一些趨勢，或曾在Web 2.0時代激起新模式（趨勢1、2），或
將在未來的Web 3.0鼓舞出各種以服務為導向的創新模式（趨勢3~7）。
這些趨勢，是我們與艾爾加·弗萊許（Elgar Fleisch）團隊共同研究資訊
相關之商業模式所得出的結論。

1. 社交媒體是與顧客互動的關鍵

網路拓展速度極快，社交媒體更勢如星火燎原：當今，六成出生於
1985年後的消費者世代，主要用手機進行社交與遊戲，而非打電話或

通郵件。幾年前甚至還不存在的社交媒體，如今是眾人網路經驗的重要環節。臉書使用人數超過10億，是全球人口一成以上。主攻專業人士網絡的領英（LinkedIn），2014年使用者超出2億7700萬。2013年，可口可樂（Coca-Cola）的臉書粉絲超過7800萬人，成為該年度「最讚」（most liked）企業。

大勢所趨，幾乎所有企業皆體認到線上平台的無窮潛力，紛紛透過社交媒體及聊天室掌握顧客情報。

2. 分享社群

科技影響社會，連帶也影響消費者偏好。因為網路，興起各式線上社群如二手貨拍賣（eBay）、私人貸款（Zopa）、自宅出租供度假使用（Airbnb）等；而這些只不過是少數幾例。在美國，七對夫妻裡有一對透過網路結緣。這股風潮吹向歐洲之際，PARSHIP創辦者便於2000年打造了線上媒人，透過背景資料運算撮合興趣相近者，如今它在歐洲市占率超過七成，多虧外部網絡效應——社群價值隨會員人數增多而水漲船高，遂又提高該社群吸引力，就像阿巴合唱團（Abba）當年那首名曲揭示的：贏者全拿（The winner takes it all）。愈早進場，贏面愈大。

繼Web 2.0，Web 3.0勢將帶給企業更大衝擊。目前，地球上互聯物總數已超過全部人口，根據思科（Cisco）預估，此一數字到2020年將達500億。互聯網將進一步密切結合數位與實體世界，企業有更多機會為顧客創造各式各樣價值加成的數位服務。

3. 實體免費及付費雙級制（Freemium），數位附帶銷售

消費者已被網路唾手可得的免費服務養大胃口：從維基百科或線上新

聞，到免費軟體或影片，要什麼有什麼，於是他們開始期待在實體界也
能獲得如此待遇。現在，亞馬遜、Zalando（譯註：模仿美國電子商務
Zappos 的德國公司）、Best Buy（譯註：美商消費電子零售集團）不僅有
條件提供免運費，甚至連重新運送也免錢。

　再者，資訊業非常配合顧客在不同階段對產品的各種需求。透過應用
程式，智慧型手機可以個人化；雲端運算，讓我們可選擇升級伺服器功
能或擴充儲存空間。企業的核心價值主張若仍仰賴實體產品，務須深思
如何活用這類手法，透過數位附帶銷售來強化價值主張。

　一種常見做法，就是提供應用程式，強化實體產品功能。各類應用程
式下載總數，已從 2009 年的 40 億成長至 2013 年的 700 億。雖則如此，
這股趨勢並不保證穩有賺頭；在英國，三成五的應用程式工程師每月進
帳不到 1,000 美元，德國則有一成九。這證明，應用程式市場擴大不盡
然保證收入豐厚，更顯示出：產品再好、技術再創新，若欠缺穩當的商
業模式，一切皆屬枉然。

4. 數位重裝產品（reloaded product）

　要為原本注定在數位時代黯淡無光的產品增色，最常見就是安裝小型
網路感測器把東西變得聰明些，如此可為其核心價值主張增添不少功
能。這一趨勢足以改變企業的業務形態。

　舉例而言，法國應用程式公司 Withings 研發的嬰兒監視器、血壓計和
活動記錄器就相當成功，藉著硬體及行動應用程式軟體的聰明結合，
它打造出能賺錢的商業模式：在監控硬體之外，應用程式軟體為消費
者提供免費的個人化分析工具與各項功能。這有如反向的刮鬍刀組與

附帶銷售模式，讓消費者確實感受到額外價值，也使Withings行情大好：2013年，它獲得3000萬美元的創投資金。另一家情況類似的公司是Limmex，它讓普通手錶具備撥打緊急電話的功能——這不僅對老人家非常有用，也極適合極限運動員或小孩。這項發明贏得大獎肯定。

包括BMW或哈雷（Harley-Davidson）等頂級車廠也提供軟體下載，以提高馬力或調整聲音。這些業務大有可為，更不要說，其邊際製造成本幾近於零。

5. 感測器成為服務

利用感測器來提供服務，這種潛能為企業打開嶄新商機。透過這玩意兒，可以追蹤產品使用時間，提供系統最優化（optimization），推出以行為為主的各項服務。藉著感測器聯結，產品售出後不再從此消失，而是繼續受到監控，讓企業得以主動提供服務，消費者感受到具體價值，自然心生好感。例如可將預防或被動性質的維修服務改為預期維修，亦即透過消費者資料分析，判斷適當的維修時機。

同理，雀巢公司生產區裡新上線的SIG包裝機，能大幅提高遠端巧克力生產的效能；荷蘭FLSmidth為霍爾希姆（Holcim）全球各水泥廠裝配的複雜系統亦然；還有，海德堡（Heidelberger Druck）可遠距診斷遍佈全球的印刷機。這些例子共通之處是藉著參數化的機器設計，使複雜的工程操作能在遠端進行。

Fitbit手環又是一例。這東西可全天配戴，白天測步行次數、距離、消耗熱量，晚上量睡眠節奏，早晨還能悄悄把你喚醒。行動應用程式加上免費線上工具，讓消費者自行設定，追蹤所需。

6. 數位實體整合體驗

　　最初，虛擬實境（virtual reality）只有在科技大公司的研發部門才能看到，隨著技術不斷更新與設備成本走低，它也開始在消費性產品走出一片天。擴增實境（augmented reality）可做為強化業務工具，也能用來增進服務，BMW在這方面十分積極，不斷研究如何協助技師應付日益困難的維修作業。我們很快也會看見，經由擴增實境，消費者能自行為愛車增添各項栩栩如生的虛擬配備。

7. 從分析到大數據

　　資料轉移、儲存、處理的飛快進展，加上種種聯結載體如雨後春筍般出現，為打造更有創意、更聚焦服務的商業模式提供了絕佳基礎。有了大數據，感測器與聯結物體將不再只局限於提供客製化服務；眼前的挑戰，是如何從數據中找出精省成本之道，汲取更有價值的顧客情報與競爭優勢，以獲得盈利。2014年，奇異公司僱用800位工程師，以探測物聯世界的各項商機。離岸風力發電機（off-shore wind turbine）能互相對話並自行診斷；舉例來說，若兩邊的風機運作正常，要修復中間風機不再需要將其關閉。隨著B2B日漸採用這種手法，這類商業模式將不免也把終端消費者（end-consumer）視為新顧客。所以，大數據加上新的聯結商品，B2B將逐步演化為B2B2C。當今這些科技趨勢，讓各種前所未見的商業模式都有出現的可能，而且是在任何產業。

(2) 大趨勢與規範的改變

　　未來的趨勢發展，絕對是影響新商業模式的重要因素。那雖非經理

人所能控制，卻必須常在他們思考、甚至預測中。早在西元前五世紀，伯里克里斯（Pericles, 譯註：雅典黃金時期重要領袖）便強調窺視未來之重要：「對未來的正確預測不是重點，重點在於知道如何因應。」下面幾個新商業模式的例子點出，若懂得及早掌握社會及經濟趨勢，無疑是企業一大勝券：

- 印度電信商 Airtel 窺見亞洲市場的不斷蓬勃，決定針對這群顧客之需，量身修改其商業模式。它將九成傳送系統外包給其他業者，積極搶攻新顧客，目標是一天1萬名。結果，Airtel 的每分鐘費率不到西方對手的五分之一，以致連西方國家的消費者也見風轉舵，上門成為顧客。Airtel 目前遍及二十個國家，擁有超過2億6000萬名顧客；截至2012年，坐實全球最大電信商。

- 孟加拉鄉村銀行（Grameen Bank）預見低收入國家的發展潛力，因地制宜發展出特殊的金融模式：授信對象必須是聯貸的當地群眾。這種機制對債務人形成即時還債的社會壓力，第一群人若債務未清，第二群人的貸款就放不下來。該銀行放款對象有98%是婦女，事實證明她們比較可靠。創造這個商業模式的穆罕默德·尤努斯（Muhammad Yunus）是諾貝爾獎得主，也是鄉村銀行之前的執行長。成長至今，鄉村銀行的微型貸款金額已超過80億美元。

對本身商業模式影響至鉅的因素及趨勢，企業務必密切觀察。多種趨勢同時發生，隨地區又有不同變化。以迷你診所（MinuteClinic）與奇客分隊（Geek Squad）為例，就是聚焦於會影響北美這種高度重視便利的服務性社會之趨勢：

- CVS Caremark 集團旗下的迷你診所在集團連鎖便利藥局內提供基本的保健服務，包括接種疫苗、治療輕傷及常見疾病等。一年三百六十五天，每個早晨開始營業，這為顧客帶來的便利性不言可喻。
- 奇客分隊鎖定大眾對科技的日益仰賴，專門協助一般人解決消費性電子產品與網路相關問題，包括電腦及網路、電視、影音器材、電話、相機；上門的顧客掏錢掏得十分情願。Best Buy 集團十年前以300 萬美元買下這家公司，如今年營業額達 10 億以上。

全球演變

許多商業模式之所以成功，即因能解決大趨勢帶來的問題。根據我們同事彼得‧馬斯（Peter Maas）針對全球市場進行的研究，他預測到 2050 年前有如下發展：

1. 知識社會：成熟社會中各種人的基本需求皆獲得高度滿足，接下來，如何充分實現自我這個議題就益形重要。
2. 聯結與網絡：運輸傳播成本下降在在拉近世界，網際網路更不斷使人耳目一新。
3. 人口集中：都市化將愈走愈快，且不僅見於富裕國家，貧窮國家亦然。
4. 繭居（cocooning）：面對全球化世界帶來的紛擾與封閉，人們需要喘息的空間。
5. 資源短缺：資源終將達到極限──目前探討的二氧化碳及全球暖化才只是開端。
6. 自我定位：社會面貌多元，個人持續追求獨特性。

7. 安全：天災、恐攻、政局紛擾，人們更需要安全感。

8. 自治：合久必分，全球化之後，有些地區愈來愈重視地方分權。

9. 人口變化：與金磚四國相反，富裕工業國正一一步向高齡化社會及出生率下滑。

　　趨勢之外，政令規範對企業的影響也極大。以天空新聞台（Sky, 譯註：總部位於倫敦，歐洲首家全天候播放國際新聞的頻道）為例，若非二十年前電視業私有化，今天也不會存在。趨勢與政令皆複雜難測，卻是影響商業模式最重要因子。我們建議，抱持愛因斯坦的態度：「我對未來的興趣遠甚過往，因為我打算活在前者。」

　　我們把重要議題彙整如下，以助閣下掌握生態系統分析的所有重要面向。

重要因子分析清單

1. 我的商業模式中有哪些相關角色？

2. 這些人有什麼需求？受哪些因素影響？

3. 他們經歷哪些演變？

4. 這對我的商業模式意味著什麼？

5. 競爭環境的改變會是新的商業模式發展契機嗎？果真如此，是哪些改變？

6. 業界曾誕生過令人矚目的商業模式創新嗎？是怎樣的觸媒所引發？

7. 目前有哪些科技影響著我的商業模式？

8. 科技正發生哪些轉變？三年、五年、七年、十年後的科技樣貌會是如何？

9. 未來的科技對我的商業模式有何影響？

10. 我所屬的生態系統中，哪些趨勢與我息息相關？

11. 這些趨勢如何影響我模式中所有相關的角色？

12. 這些趨勢對我的商業模式之優劣有何影響？是凸顯或弱化？

◎生態系統分析

1. 以三、四名員工為一組，用神奇三角四面向（誰─什麼─如何─為何）來描述公司的商業模式。

2. 探索此模式難以為繼的可能原因，或其中弱點。謹記生態系統中的角色及變動源頭。

3. 根據以上發現，為目前模式撰寫悼詞。

4. 記錄小組所得，發表給其他各組。

　　寫悼詞似乎怪誕，卻有其重要作用；即便公司目前營運良好，這個動作卻可預防將來出錯。別顧忌耍些黑色幽默，如此，你才得以從適當距離之外客觀嚴謹地審視自己的商業模式。

構思：改寫類型

　　進行生態系統及商業模式分析，或能找出創新模式契機，但這過程充滿挑戰。做出最佳選擇並不容易，對顧客想法過於從善如流也不見

得能帶你跳出框架，亨利·福特（Henry Ford）就曾一針見血地指出這點：「如果我先問人們要什麼，他們肯定會說：跑得更快的馬兒。」

商業模式創新可能從任何地方開始：也許是打造某種潛在價值的模糊揣測，或為了解決眼前的頭痛問題；不管打哪兒展開創新過程，都有可能得到不相干的結果。相反地，成功的創新案例也往往出人意表。讓這思考過程雪上加霜的是，你必須採取抽象方法。

我們發現商業模式不脫55種，還有，九成創新實乃重組的成果，據此，我們發展出所謂「類型改寫之構思法」（**圖 2.8**）。其核心是，將這55種類型應用在你的商業模式，再激發出新的點子。這種方法頗受當代知名神經學者及神經經濟學者（neuroeconomist）推崇，如葛瑞格里·伯恩斯（Gregory S. Berns）就曾於2008年申論，想獲得不同觀點，我們得讓大腦接收嶄新想法，激發它重組資訊，如此才可能打破既有思維，迸發全新點子。有關類比式思考（analogical thinking）與創意之間的研究，也有相同發現。

圖 2.8　構思法：改寫類型

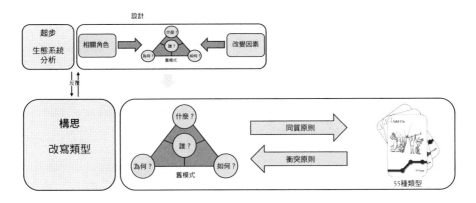

　　參考各家類型，有助你井然有序地發展出新模式。首先，這讓你跳脫產業主流思維，根據公司狀況改寫某些類型，從而創造全新變種。此時你自己的想法及創意至為關鍵，而最終，你會在外界新思維與公司內萌發的創意間找到平衡。

　　為簡化類型改寫的過程，我們將55種成功模式製作成一組卡片（圖2.9）。每張卡上各有一種模式的詳細描述：名稱，核心概念，將其融入自身營運模式之企業，其他發揮案例。值此構思階段，這樣的資訊含量恰如所需：不會太少，否則無法推你離開舒適圈；不致太多，以免扼殺你的創意（此套卡片有兩種版本：實體的可用於工作坊，互動軟體的可供全球員工使用。參見www.bmi-lab.ch）。

　　55種類型可透過兩種原則應用：同質，或衝突。各有優點，同時採取也無妨。

圖2.9　類型卡

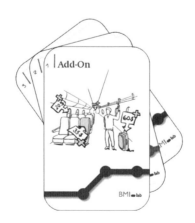

採同質原則改寫類型

同質原則（similarity principle）的實施由內而外；意思是，先從相關產業所用的模式類型卡入手，再嘗試差異性較大的類型，然後調整為自己的商業模式。

下面是運用同質原則的步驟：

1. 先定義好標準，以便找出相關產業。舉例而言，如果你是能源業中的公共事業企業，可考慮這些研究標準：無法儲存之商品（服務業），放鬆管制（電信業），高波動性（金融業），大宗貨品（化工業），從產品到解決方案（工具製造商），資本密集（鐵路業）。

2. 根據定義好的標準及相關產業，從目標產業採用過的模式類型中進行篩選。6~8種較為理想。

3. 把這些模式用在你的商業模式，一一思索如何變通，各自會遇到何種瓶頸，該如何突破。

4. 若第一回合找不出創新之道，從頭來過。也許可以放寬研究標準，並納入更多參考模式。

採用同質原則最重要的思考點是：「將Ｘ類型用在我公司，會如何改變我們的商業模式？」

運用同質原則必須非常嚴謹有序。一方面漸漸跳脫目前產業主流思維，也刻意排除過於不同的產業所用的類型，像速食業與電信業就天差地遠。根據我們訓練師的經驗，這個思考方法效果不錯：「若不同公司併購了我們，會怎樣經營？」從而深入思考對方的模式可如何套用到自

己公司。

在同質原則下，探索範圍的定義相當狹窄，較不需要太多抽象思考，但構思過程仍需找出一些類比，以期找出解答和想法的機會能夠提高。就此觀之，經過同質原則誕生的商業模式，創新程度往往沒那麼劇烈。

瑞士某大印刷廠即是採取同質原則的成功案例。一如大多數同業，該公司面臨嚴重的產能過剩：愈來愈多的印刷機分食愈來愈少的印刷工作。他們瞄準了廉價航空公司的「最陽春」類型，準備提供簡單便宜的印刷服務：先從線上接單，等某部機器出現空檔才開始印刷。既有客戶對這門新業務毫無興趣，但著實吸引了海外許多討便宜的散客。

某食品處理機器廠從宜家的自助模式獲得靈感（將部分價值鏈外包給顧客）。它決定外包的部分是儀器品質控管：寄上零件與自助工具，由顧客自行負責組裝及品質。該廠再也無需提供任何保固，只要提供適當工具協助顧客做好這一塊即可。

採衝突原則改寫類型

同質原則是在相關產業中探索新的商業模式契機，衝突原則（confrontation principle）則刻意謀求極端：把目光集中在全然不相干的產業，從最極端的模式探索創新的可能。你將由外而內（自己的商業模式）跨越外界營運模式與自身當下處境之間的鴻溝，也藉此反思自己的模式。此種途徑旨在刺激大家打破慣有思考類型，進而帶出全然未曾想過的創新機會。就像航海老手會說的：「盡量把錨拋遠吧，在碰到海底之前，它自有辦法回到船身邊。」

在問題仍舊一片渾沌的情況下，特別適合採用衝突原則，例如：你

知道自己必須採取行動了（因為收入節節下降，競爭不斷升高，收益率隨之下滑等），但不知從何下手。此時，衝突原則頗能帶你找到潛在可行的創新模式。

我們問某工業廠員工：「蘋果公司會如何經營你們這家企業？」一開始，標準答案會像這樣：「我們公司不同，所以蘋果的成功因素不適用。」但如果他們願意投入討論，新的想法將一一浮現。在衝突原則為主的工作坊中，認真的參與者所能帶出的全新概念與點子是非常令人驚豔的。

在一次與某家機械工程企業合作的工作坊，我們試圖從「訂閱」類型——顧客按期付費以獲得服務——激發新的商業模式。不同模式的衝突刺激出這樣的點子：訓練業者使用他家的機器，然後租給他們。在此同時，大家也看清這新模式將有效鞏固顧客關係，而那正是當初他們意圖尋找新模式的出發點。

某鋼鐵製造商採用「按使用付費」模式——顧客只需依其真正使用程度繳費——想出：它將只按客戶實際使用之鋼鐵量計費，而非如過去以出貨量為基礎；若有剩餘，公司回收做未來生產之用。

一家蘋果供應商應用「要素品牌」模式——特別向顧客強調產品中包含另一家供應商的產品——行銷自家商品，成功降低對蘋果的依賴，順利跨入新的市場。

採行衝突原則步驟如下：

1. 首先，從55種類型中，直覺挑出與本身產業主流思維差距最遠的6~8種。根據工作坊經驗，以下做法效果也不錯：讓小組隨意挑出10種類型，簡短討論一番，再從中選出值得繼續探討的。最好訂

出結論時限，以凸顯這一步驟中自然、本能之精髓。

2. 以選中之類型對照自家目前模式，一一檢驗。經驗顯示：此時最好以實際案例讓小組成員打破既有思維。「X公司會如何經營我們公司？」我們建議將這問題更具體的進一步化為：假設被X公司併購，公司現行的管理形態與運作邏輯會產生什麼改變？舉例而言，可能引發下列問句：

— 「免費及付費雙級制」：Skype 會怎樣經營我們公司？

— 「特許經營」：麥當勞（McDonald's）會怎樣經營我們公司？

— 「刮鬍刀組」：雀巢 Nespresso 膠囊咖啡會如何經營我們公司？

— 「長尾」：亞馬遜會怎樣經營我們企業？

— 「訂閱」：Netflix 會如何經營我們公司？

— 「雙邊市場」：谷歌會如何經營我們公司？

— 「使用者設計」：Threadless 會怎樣經營我們公司？

— 「自動提款機」：戴爾會怎樣經營我們公司？

— 「自助服務」：宜家會怎樣經營我們公司？

每種類型都要想出不止一個點子。這有時很難，尤其面對這些極端案例。參與者一開始往往得絞盡腦汁。

3. 如果第一輪沒出現什麼好想法，就拿其他模式從頭再來一次。

要小組成員一眼愛上某種商業模式並不容易。你要一家汽車供應商員工設想麥當勞會如何經營他們企業，他們只會無法置信地猛搖頭，這簡直是外太空的問題嘛。但隨著你們深入探討麥當勞的商業模式：它只需三十分鐘就能把新進員工訓練上手，它的特許經營靠的是簡單與可複製性；這時，小組成員開始領悟這個問題對自家企業的重要性——甚至對

所有企業皆然。

要走到「啊！原來如此！」那個瞬間，你得花好一番功夫。千萬別太早放棄！

採用衝突原則，成員要有豐沛的創造能量。要從極端模式建立類比十分耗費心神，乍看之下這些商業模式根本毫無線索可循，一定要努力往下走。當眾人陷於保留、懷疑，一位有經驗的主持人知道該拋出什麼問題。就像所有的創意活動，若有懂得朝正確方向拋磚引玉的教練，整個進行將順暢許多。

表2.1並排比較同質與衝突原則，也提出哪些情境適合哪種模式的建議。如果對你們公司而言，商業模式創新屬於最高策略之一，就該把55種類型全部仔細研究一番。一般而言，深入15種類型即可激發出為數可觀的點子。巴斯夫（BASF）企業的策略小組「巴斯夫展望」（BASF Perspectives）在深究了55種類型之後，挑出26種與其B2B化學業務高度相關者。不過，這個挑選過程要等到第二步才能進行。

成功的構思程序

構思程序是商業模式導航中一個核心要素，千萬不可忽視。這個步驟我們通常透過工作坊進行，實施彈性可參考下面描述。能否產生有創意的點子，工作坊本身的表現影響至巨，因此我們也提出一些建議。

◎類型改寫

首先要盡量蒐集想法，愈多愈好。想法來自兩個階段：第一，每人

表 2.1 同質與衝突原則對照

原則	同質原則	衝突原則
挑選標準	類似產業	極端變數
座右銘	揚業熟悉感	產生熟悉感
好處	結構清晰 適合初步嘗試創意者	打破思考模式 開啟不可思議的創新潛能
不利之處	視命題抽象程度，思考模式改變有限 恐難跳脫既有的顧客問題	亟需大量創意，應用頗具挑戰性
建議	用以處理命題明確之創新案	用以處理命題陌生或僅小部分明確的創新案

在看過類型卡之後各自發想，彼此討論，從而發展、修正、茁壯；這些階段可相互獨立，也可反覆進行，隨時處理更多參數。工作坊的安排有多種形式：

- **面對面或虛擬**：多虧了特殊設計軟體的進展，我們可透過面對面與虛擬方式舉辦工作坊。虛擬形式最大的好處是可容納更多參與者，包括世界各地：愈多員工參加，便可納入愈多類型卡。這對大型跨國企業特別重要；做為外來教練，我們不可能訓練到所有地區的成員。也可以利用社交媒體鼓勵大家積極投入，全球性企業的資訊部門可協助成立商業模式全球社群，繼而可細分至產品研發群、設計群、行銷群、物流管理群；換言之，每位決策者思考時都應從商業模式出發，而非僅由某個策略單位著眼。另一方面，虛擬團體的討論很難如現實團體那麼活潑深入，因此我們建議，可以的話最好兩者兼顧，以彼之長補此之短。

- **按部就班或同時並進**：考慮類型的途徑，可按部就班（一個一個來）或同時並進（全部一起進行）。若是後者，小組各成員會拿到幾張卡片，得負責向其他成員簡報其中一兩種模式。如採按部就班，則整組共同檢視每個模式，共同發想；這時，較難發現整合不同類型的潛在方法。

- **開放或封閉**：構思程序的開放程度也可自行決定。若是前者，各人先自行發想——透過「腦力書寫」（brainwriting）——再整組一起討論。若是後者，則將所有模式同時公佈給全組，要求大家以腦力書寫記下任何想法，是很能捕捉團體創意潛能的手段。實踐此概念的一個手法是：發給每人幾張商業模式卡，要求對每一種模式都提

出至少一個點子。腦力書寫也可將干擾降至最低；任何人都不得對提出來的想法表示懷疑或批評。但也因此個別性而難以出現群體討論那種創意動能。所以，我們建議第一回合採開放式進行。

- **高頻或低頻**：最後，你可以限制參與者對每個模式的發想時間。一般相信，最具創意的點子會在前 3 分鐘出現，之後多半就是增添堆砌。盡量維持簡短扼要，可以給大家一個模式 3 分鐘（個別作業的話，90 秒鐘）發想與熱烈討論；但對某些人來說，這種速度可能壓力過大，反而抑制其創意。要以何種頻率運作，端視小組性格與成員經驗值。

建議構思程序至少跑二到三回：大多數人會在第二回合湧現最多創意，第三回則是避免遺珠之憾。整體而言，每次採用不同手段可能效果最佳。

經驗豐富的主持人知道如何在產業主流思維與新的商業模式之間找到串連。當主持人來自產業之外，則更有能耐維持構思必要的抽象水準。

再者，若工作坊成員來自不同業界且不相互競爭的公司，加上立場中立的主持人，成效也頗值得期待。

◎類型改寫階段的成功因素

實證顯示，下列規則頗有助益：

1. **一個不留**：進入新點子發想之前，先確定一切既有的都擺在檯面。這可讓成員全神貫注在以類型出發的構思，不會懸念著盤踞心頭的

舊點子。

2. **創意無邊界**：什麼都可以！讓每個點子都有伸展空間，這個基礎很重要，讓所有人免於自己意見「不對」的恐懼，否則創意將被扼殺，程序會出現瑕疵。不用說，構思階段沒有負面批判或冷嘲熱諷的空間。

3. **無所謂著作權**：在此階段，任何點子都沒有著作權；此時的原則是：每個點子都屬於團體，所有人都可繼續擴展。點子由誰想出來的不重要，也無須去整理哪個人貢獻了幾個點子，一切想法的發展都是群體的努力。

4. **量勝於質**：同樣在此階段，盡量蒐集大量想法比較重要。那些「瘋狂古怪」的想法，有可能是最有意思、能把團體帶到奇幻領域的珍珠。鼓勵成員盡量發想，至於評估，下階段再說。

5. **避免負面態度**：「但這個我們早就試過啦！」這類的回應毫無建設性，構思程序不允許其存在。可以用創意手段提醒大家，像是在一開始便把這類終結談話的範例貼在四周。

6. **10秒鐘**：為確保不會忘掉任何想法或衍生念頭，在10秒之內寫下來。創意由閃現到消失的速度，快到令人難以置信。供應足夠的紙筆，協助成員謹遵此戒。

7. **盡情撒網**：不管那點子會不會被採納、是不是有策略價值，此時重點在蒐集激進而非漸進的想法。把一個激進的點子收斂成可行版本相對簡單；反之，想把漸進點子發散為激進恐怕是天方夜譚，因為我們總受限於慣性思維。

8. **趣聞軼事與正確提問**：當小組分析類型卡時，主持人的適當提問相當重要，可幫助大家充分思考。藉助軼事，效果也很好，就像以前

述麥當勞的故事刺激眾人思考公司有無大幅簡化之可能，從精簡流程、剔除複雜到更具延展能力等等；這頗能激發各種改進公司的創意。其實，無論何種企業，多少都能從麥當勞的 KISS 原則（Keep it simple, stupid）受益。

這些成功要素應宣告為工作坊進行原則，甚至一開始就發給每人一張。即便成員多已熟知這些規矩，如果不再三強調，往往還是拋諸腦後。

如何挑選點子：NABC 法

根據經驗，創投家慣用的手法 NABC 法（Need, Approach, Benefits, Competition 需求，方法，利益，競爭）非常適合用以評估商業模式點子之優劣。不妨先將所有想法分類，再從各類之中展開挑選，然後進行「電梯簡報」，這個誕生於 1980 年代的技巧是這樣的：簡報者要在搭電梯的時間內扼要說明想法，如今廣為創投家評估新創公司時採用。各小組根據 NABC 四個面向準備電梯簡報，時間約為 6~8 分鐘，再長，邊際效益也無多。此法能有效評判各個點子，摒除不理想者。**圖 2.10** 顯示 NABC 形式之簡報所涵蓋的層面。

而商業模式創新與創業投資之間有一項重要區別：前者不該太快摒除一個點子。創投家往往瞬間取決，但在商業模式創新過程，點子乃逐步建構而成。此時，可採設計思考（design thinking）常用的反覆（iterative）手法，包含下列四步驟：

1. **發展**：上個流程走完，決定出最有潛力的點子後，根據 NABC 原則將之發展為一個概念。

圖 2.10　評估點子 NABC 法

需求	方法	利益	競爭
我們的機會如何？	我們的價值主張如何？	就質、量而言，顧客利益何在？我們的利益何在？	競爭狀況如何？主要對手是誰？有哪些其他選項？
顧客層面	內部層面	價值層面	外部層面

2. **分享**：各組向大家進行電梯簡報：必須精確、扼要、凸顯核心事實。所謂「電梯簡報」，意味著要在搭乘電梯時間內傳達核心概念。如果你在電梯碰到創投家或決策者，你要如何說明你的想法？

3. **「水坑攻擊」**（water-holing）：每次簡報後，各組接受回饋，一切答覆只為澄清，不回應任何批評，以確保簡報小組充分接收所有訊息而不陷入無謂討論。批評留到下個階段。創投家稱此為「水坑攻擊」，這讓小組煥然一新，更加茁壯。當然，聽眾回饋時所提任何質疑都必須帶有建設性，不能有詆毀性的破壞發言。舉例來說，詢問簡報概念的背後假設，這是合理的。整體而言，門檻應公開討論，不應藏有幕後動機；若有類似情形發生，主持人應立即糾正。

4. **再設計**：最後，藉著新點子修正所有弱點；或許重新檢視之前的點子，和／或研究新的商業模式。重行評估所做的假設，加入新的衝勁，發展出又一個 NABC 簡報。從各組想法挑選精華，既可讓大家

買單,也能提高效能。若至此仍窒礙難行,最好整個從頭來過,把目前的點子放掉或拿去與之前某個被捨棄的結合在一起。

再設計之後形成了新的循環,各組重新簡報改良後的想法與概念。反覆運用NABC(**圖2.11**)可有效強化想法,也讓弱點一一浮現。

整合:形塑你的商業模式

類型改寫通常能帶出豐沛想法,釀出新的商業模式。想掙脫產業主流思維,不可不找出與採用新類型,但這步驟並不等同於發展新模式;想創新,務必要能將新點子成功轉為扎實的商業模式(誰一什麼一如何一為何),能同時滿足公司內部要求與外部條件(**圖2.12**)。成功的模式創新不僅能打破產業主流思維,更具備高度的內在和諧。

圖2.11 NABC法之反覆應用

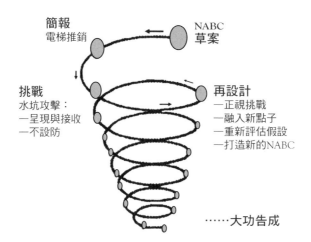

圖 2.12　整合：型塑你的商業模式

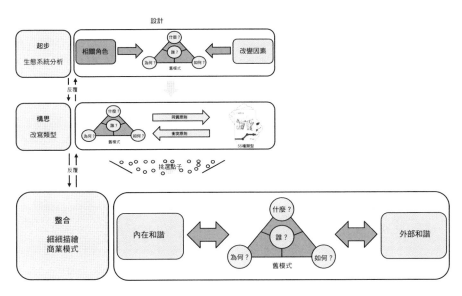

內在和諧

　　內在和諧，可說是在誰—什麼—如何—為何四面向間取得平衡。如何把新點子融入商業模式，讓經理人備感頭疼。正如某執行長對我們說的：「改變商業模式任一面向都不難，問題是如何調整其他三者以獲得一致性。」一般說來，產品與市場在此階段較容易掌控，收入和價值面就要等到整合階段來處理。

　　為確保充分顧及這四個面向，我們建議你以此為基礎，巨細靡遺地描繪出新的商業模式。**表 2.2** 提供了詳細清單供你參考。

　　一旦四個面向從內部環環相扣，你就擁有了不易被模仿的競爭優勢。套句波特這位策略大師所言（1996 年）：「對手或許不難抄襲某種

表 2.2 誰？—什麼？—如何？—為何？檢覈清單

誰？	顧客	● 誰是我們的顧客？
	利益關係團體	● 我們為哪些人帶來（附加）價值？
	通路	● 我們有哪些接觸顧客的通路？ ● 這些通路與我們其他的商業活動可有整合？ ● 這些通路可有回應顧客需求？
	顧客區隔	● 我們有將顧客加以區隔嗎？ ● 針對各個區隔，我們追求何種商業關係？
什麼？	價值主張	● 我們試圖解決哪些顧客問題？ ● 我們試圖滿足哪些顧客需求？ ● 我們有提供哪些區隔的產品／服務？ ● 我們帶給顧客什麼價值？ ● 我們的價值主張與對手有何不同？
如何？	內部資源	● 要有哪些資源，才能完美呈現我們的價值主張？ ● 如何有效分配資源？
	工作事項及能力	● 要確保價值主張完美呈現，必須做到哪些事項？ ● 以既有能力，我們能完成哪些事項？ ● 我們還需要做到哪些事項？且需具備什麼能力？
	夥伴	● 誰是我們最重要的夥伴？ ● 誰是我們的主要供應商？ ● 我們主要的夥伴能負責哪些工作事項？或具備哪些核心能力？ ● 主要夥伴與我們合作有何好處？如何確保長久合作？
為何？	成本動因	● 我們的商業模式主要成本是什麼？ ● 有哪些財務風險？如何應付？
	財源	● 有哪些收入來源？ ● 顧客願意把錢花在？ ● 目前顧客付費方式？未來呢？ ● 每項收入來源對整體營收的貢獻度如何？

業務手法、追上某種流程技術或跟進諸多商品特性，但要整個環節做到同等絲絲入扣，難度就非常高了。」

外部和諧

外部和諧指新模式與公司所處環境的契合度。這個新的商業模式能否滿足利益關係人？能否讓公司回應當前趨勢與競爭？因此，要從新的模式審視大局，而大環境又不斷演變，這是整個模式創新過程中必須牢記於心的。

若出現任何無法解決的內部或外部的不和諧，就得依照前述步驟從頭來過，直到建立起一個緊密依存的體系。反覆式的發展會比較理想，因為那可激發出更大創意，從而產生更好的結果。下面介紹一個楷模，看喜利得這家頂尖建築工具製造商，如何改採車隊管理（見「喜利得個案研究」）的全新模式。

喜利得個案研究

當喜利得在2000年推出車隊管理後，這家公司即成為商業模式創新表率。為何有此一舉？因為「顧客想買的是洞，不是鑽頭」（套用喜利得執行長當時用語）。新的商業模式讓顧客毋須向喜利得購買工具，而是買下「工具使用權」（tool availability）——向喜利得承租一批工具，由喜利得負責工具的供應、修繕、汰換及防盜。

然而，車隊管理只是喜利得整個營運模式發展的起頭而已，因為這只回答了「什麼？」這個問題，這是建築業一項創新的價值主張。喜利得

還費了許多力氣，做了不少分析，才讓這個新價值主張融入一個平衡的商業模式。其他三個面向——誰、如何、為何——也都得跟著修正，直到那新點子能為顧客創造價值，也為喜利得帶來盈利。

新模式的計畫中，目標是既有客戶——**誰**面向。儘管其他潛在客戶，像新興市場的小企業或營建商，可能會對這全新的價值主張也感興趣，喜利得的決定是：瞄準現有顧客。

如何這個面向，使喜利得整個價值鏈必須改變。拿業務部來說，雖然面對同樣客戶，卻需要全新的訓練課程幫業務同仁迎接挑戰；公司不再把工具直接賣給工地經理，而是要設法與客戶高層談下數年合約。物流與採購必須確保公司對顧客承諾的「保證有貨」絕不出錯，負責所有產品汰換維修，並將合約到期的工具收回管理。還有，喜利得發展出資訊輔助流程，讓公司與客戶可輕鬆管理工具存貨與租賃合約等事宜。

營收模式也需整個改寫，因為公司原來只有銷售工具，不提供零件與維修，而新的商業模式讓一次性的大筆進帳變為經常性的小額收入，同時，資產項目也將從客戶的資產負債表中消失。租賃合約基本架構或可直接採自汽車業，但定價是個問題：喜利得該如何收取每月或每年「保證有貨」的服務費？一旦變成工具擁有者，理賠案件會不會爆增？如何應付盜竊？不同市場是否該有差別定價？要提供不同的租賃選項嗎？公司提供這樣高效能的全包服務，顧客會甘心付出更多錢嗎？最終，喜利得成功地將各種風險降到最低，順利採行了很棒的營收模式。

喜利得想出一個創新點子，繼而調整另三個面向，推出了非常和諧的商業模式，讓它在多個國家的機具市場取得近一半的市占率。此模式並透過「交叉銷售」（cross-selling）及「升級銷售」（upselling）為公司

賺進更多收入。喜利得能異軍突起，這項創新功不可沒，該公司技術長（CTO）如此描述其影響力：「多年來，喜利得研發出不計其數非常成功的創新產品，但跟這車隊管理模式一比，全都相形失色。這營運模式無疑是喜利得史上最重要的發明。」

包括博世（Bosch）在內的許多對手，都企圖仿效喜利得車隊管理模式，但因不曾打造直銷管道，而使這概念始終顯得晦澀難解；唯一得以成功派上用場的對象，只有他們直接服務的大型企業。由於車隊管理模式，喜利得坐享永續競爭之優勢。

執行：計畫落實

完成商業模式導航前三步，你也完成了商業模式設計。接著可能是創新過程最艱難的挑戰：執行（**圖2.13**）。具體而言，那涉及與新夥伴談合約、打造新的銷售管道、擬定市場進入策略等；你得推翻先前的假設，克服各方阻力，包括市場的、夥伴的、員工的，你得全副武裝才能應付這種挑戰。

我們建議一步一步來。與其想一次到位，更妥善的做法是：逐步發展原型（prototype），進行小規模測試。這樣可減低風險，從中汲取教訓，進而調整策略。

我們這整套做法的設計，相當程度是與史丹佛大學教授賴瑞・萊弗（Larry Leifer）合作之成果。萊弗教授領軍的設計思考學院（Design Thinking School）已成創新產品研發的先驅。此番合作旨在設計出最適

圖 2.13　執行：落實你的計畫

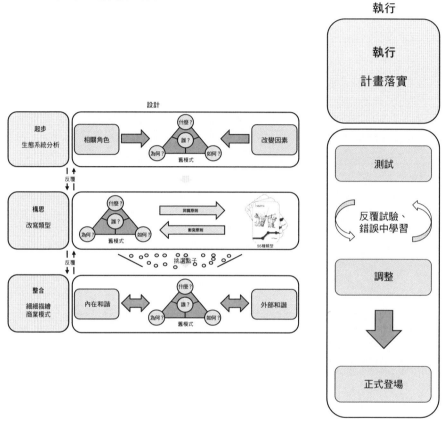

流程，輔助企業落實新商業模式，我們和多家企業攜手測試、驗證，不斷改進。其基本流程，是個三步驟循環（**圖 2.14**）。

設　計

　　如前所述，商業模式創新涵蓋三道程序：起步、構思、整合。設計階段走完，通常你已握有一兩個面面俱足的創新模式。

圖2.14　商業模式創新基本循環

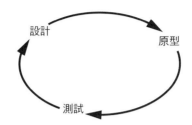

原　型

這個步驟的目的是鞏固設計。套用我們這位史丹佛同事的金句：「一張圖片勝過千言，一個原型猶勝千圖。」換言之，把想法落實為原型，才能準確評估與修正。建築師向來奉此為圭臬，大興土木前必先打造模型。原型擺在眼前，有助人們對新品產生信心。而此處，打造快速原型（rapid prototyping）最好，可馬上進行測試，成本極其有限，風險全在掌握。點子是好是壞，立見分曉。

「別用講的，拿出證明」，這句話對你的模式創新意味著什麼？你如何為你的新模式打造原型？原型可以有各種風貌，從巨細靡遺的簡報到商業藍圖到小市場的領航計畫。只是要記得：別花太多時間金錢處理原型細節，有些不確定性是此刻無論如何難以預防的。

往返此一設計—原型—測試循環，還可考慮另一個有用的設計思考原則：擁有各種知識經驗的跨領域團隊，最能展現成效。每個設計步驟都要反覆進行，最初原型逐步發展為進階型，讓你知道如何拿捏商業模式的種種細節。如同卡爾‧波普爾（Karl Popper）的可證偽性（falsifiability）原則，一做出假設，當下立即測試。這種方式能讓你的團隊及時學到新知，察覺先入為主的觀念，齊心克服。

測　試

　　測試原型可得知新模式各面向的可行性，此時應邀集公司內外重要利益關係人、潛在顧客與供應商提供意見。盡量蒐集情報，不斷改善下個原型，有時甚至得整個拋棄重做，而這不見得是壞事。我們的史丹佛同事萊弗一直強調反覆試驗、犯錯的重要性，失敗為成功之母，史丹佛設計思考學院的經驗也在如此證明。

　　執行絕不簡單，涉及許多層面；創新上市前，設計—原型—測試循環得跑很多遍，才能讓這模式成熟可行。過程中，發散式及收斂式思考（convergent thinking）皆有其必要。發散式思考階段，大開機會之窗以廣納各種可能；收斂式階段，則是將方案對準最可行的點子前進（**圖 2.15**）。找到最終答案以前，仍須不斷反覆來回；一旦你對推出新模式胸有成竹，就表示時機已經成熟。早在 1990 年代，此種快速原型推動下的設計—原型—測試循環就加速了學習，相對降低了傳統規劃的地位；換言之，反覆即行當道，縝密計畫沒落，快速的經驗獵取循環愈來愈受重視。我們並非建議你揚棄企業規劃，而是提醒你聚焦快速反覆的試驗，保持前進動能。

　　下列為設計—原型—測試循環的十個成功要素：

1. **開放態度**：不採用不代表這東西不好。
2. **勇氣**：「運氣之神眷顧勇士」。
3. **反覆嘗試**：好還要更好，不斷改進，精益求精。
4. **多樣化**：團隊中，善於發散式思考與善於收斂式思考者的比例應求平衡。
5. **改變**：了解大勢所趨，抓住關鍵時刻。

圖 **2.15**　商業模式創新反覆流程

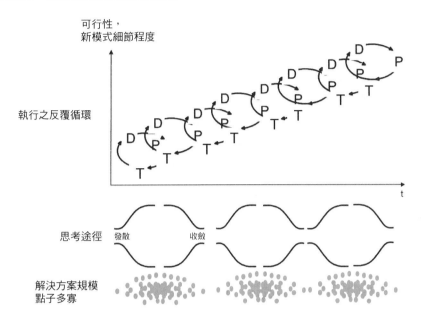

6. **摘要**：記下每個循環心得。

7. **失敗**：我們都得經過學習，失敗帶來進步。毋須太在意成果，學到什麼教訓比較重要。

8. **挑戰**：熱烈提問，這將提高執行成績。

9. **教練**：策略性導入兼善發散式及收斂式思考者，協助團隊前進。

10. **方向**：歡迎那可能扭轉行進方向的「黑馬」。

　　這裡再次以雀巢Nespresso膠囊咖啡為例，這個商業模式歷經長期的摸索與挫敗才大獲成功。雀巢研究員艾瑞克・費瓦洛（Eric Favre）於1970年代提出第一個咖啡膠囊專利，當時雀巢咖啡品項只有Nescafe即

溶咖啡,為拓展烘焙研磨咖啡的勢力才發明膠囊。1986年雀巢在母公司外單獨成立Nespresso,膠囊業務卻不上不下了好長一段時間,管理高層幾乎決定出售機器。1988年,新任執行長仔細研讀過原有的商業模式,作出調整,將顧客由企業擴大到家庭,開始直接郵遞產品。零售商販賣咖啡機,咖啡膠囊可在線上或Nespresso精品門市購買。這個嶄新的營運模式果然不凡,請來喬治‧克隆尼(George Clooney)當代言人更是錦上添花。2000年起,雀巢年成長達35%,2013年賣出500萬顆膠囊,進帳30億歐元。

　　西班牙營養食品連鎖商Natur House在找到今天的穩當模式之前,同樣歷經反覆的試煉。最早是透過零售商銷售,但隨著滋補食品市場的法令鬆綁,利潤一落千丈。公司創始團隊決定打造新的零售通路,之後可開放加盟。首家原型店於1992年開在巴斯克自治區(Basque country),沒多久卻關門大吉,原因很多,包括地點考慮不周、買下商場而非租賃、商品種類太過繁複等等。Natur House記取教訓,反覆調整模式,尤其是用心傾聽店經理的建議。展開首家試驗店僅僅五年,Natur House創下40%的年成長率,目前超過1,800家店面遍佈全球,成為世界最大加盟商之一。

　　別浪費時間琢磨各家案例,應從質的層面評估商業模式:哪個市場最適合測試我們的營運模式?哪兒可及早拿到顧客意見?存在什麼技術優勢與風險?哪些主要顧客會馬上採用我們的新模式?

　　企業計畫把大夢植根於各種假設上,原型則測試假設,刺激學習。動手比想像重要。

變革管理

　　創新商業模式最大的障礙往往來自內部阻力，克服這一點才可能克竟全功。為何員工如此排斥改變？簡單講，改變令他們擔憂。根據麥肯錫顧問公司（McKinsey）每年調查，七成改革都落得失敗；員工態度及管理階層的不支持幾乎占了六成。這幾年未見好轉，員工不希望改變，說要革新模式的不是他們，而新模式還要他們拋掉過往所學，他們害怕失去既有的。下列是商業模式創新工作坊中不時可以聽見的員工憂慮：

- 一旦執行新的模式，公司會變成什麼模樣？
- 這不是在侵蝕公司既有業務嗎？我們真有足夠的資源？
- 公司將如何重組？創新真能帶來好處？照目前這樣發展不是更好？
- 我們為何要現在改變？一切不都進行得很好嗎？看看競爭對手，沒人在做改變呀。
- 跟其他業務單位的關係會改變嗎？
- 改變後的公司，我會在什麼位置？我會具備新任務所要求的必要條件嗎？

- 萬一我目前的工作消失，我會怎樣？
- 我究竟會在什麼職位？

私底下，他們多半想著：

- 我這個部門、單位會面臨什麼命運？
- 我會喪失目前的權力跟預算嗎？
- 我會面臨威脅嗎？
- 這對我有什麼好處？
- 我會怎樣？

變革管理需要堅定的領導，把員工送去受訓或在公司張貼改革啟事都不能釜底抽薪。抗拒改變根深蒂固，有一次我們為某企業的創新案開場，一名資深員工開口了：「等你們弄完你們的模式創新，印一份結果給我，我會把它跟之前其他顧問公司弄出來的創新點子疊在一起。之前的沒落實，這回肯定也一樣。」

驅動改變

缺少變革管理，再怎麼周詳的分析也毫無用處。商業模式只有落實才算數，頂尖想法若無高層支持也只是空中樓閣。以下列出由上層管理改革的五道關鍵。

展現承諾

「每輛車都是我的分身，」福斯汽車董事長馬丁‧文德恩（Martin

Winterkorn）如此形容自己參與公司創新案的程度；每輛車生產前，他都親自檢查。德國維寶公司（Ravensburger, 譯註：以拼圖與益智遊戲聞名）新推出的線上學習系統tiptoi，也由負責創新商業模式的高層發聲。賈伯斯自己擔任iPad專案經理；SAP創辦人哈索‧普拉特納（Hasso Plattner）不假手他人，親自推動「內存資料庫」（In-Memory）之進行。

在員工眼裡，高層的行動相當於公司對改革的具體信號。員工會質疑：老闆花多少時間在新業務的專案經理這邊？高層開會討論商業模式專案的頻率如何？負責的專案經理有足夠彈性調度資源嗎？公司對外的新聞稿、年報、電話會議上，怎麼描述這個新模式？資源這麼有限，高層要拿多少去扶植那塊新業務？

瑞士龍沙集團（Lonza）為製藥及生命科學業提供產品與服務，幾年前，執行長體認到公司雖是客戶導向，卻沒有資源從事前衛創新，於是另外成立一支創業小組，專責推動技術、產品以及商業模式的創新突破。年度預算不到2000萬瑞士法郎的「LIFT計畫」（Lonza Initiative for Future Technologies, 龍沙集團對未來科技的計畫）被賦予龐大目標：15年內創造出年營業額5億瑞郎。金融危機造成現金短缺，執行長卻將此案預算提高，充分展現他的決心與承諾。他深信此案前景，面對員工、管理階層與董事會都積極捍衛。

甘地（Mahatma Gandhi）曾有名言：「你希望世界變成怎樣，動手自己做起。」員工根本不想支持變革，除非他們知道老闆是認真的。創新要成，最高管理階層必須負責推動。我們看到——尤其在高階主管EMBA研討課上——很多意圖革新組織的中低管理層推動的計畫，紛紛無疾而終，因為執行長最終會叫他們「管好你的本份」。但千萬別忘

了，起步決定了專案的命運。

　　商業模式創新一定得從上層落實，否則絕無希望。並非大企業之中低階經理人或中小企業之員工無法做出卓越貢獻，而是要特別強調：在重要關頭，執行能否成功全繫於高層捍衛──不僅事關資源，更因如此才能擊潰抗拒。

員工融入

　　變革管理不能忘了員工的直接參與，讓他們積極形塑任務與流程，他們也將更坦然接受改變。某汽車供應商就曾指出：「設法將員工融入過程的改革就好比背著背包健行：你的速度無法像一身輕裝那麼快，但必備物品在手，隨時只需稍事休息，就可繼續向前邁進。」

　　德語區國家某家中型印刷廠面臨與對手同樣的困境：利潤率嚴重下滑。總經理不斷思索未來印刷門市應具備何種樣貌，苦思多時之後，他在公司策略研討會上分享自己廢寢忘食得出的概念，卻驚訝地發現員工居然挺身抗拒。這是高層管理很容易忽略的問題，吉姆・柯林斯（Jim Collins）這位執行長兼暢銷作家有生動的譬喻，他告訴員工，公司就像一輛前往特定地點的巴士，如果那不是你的目的地，你最好趕快下車。執行長應先獲得團隊承諾，之後再談工作與職務。套句柯林斯的話：先確認車上有誰，再安排各人座位。

　　這畢竟是個比喻，現實中往往遇到推託，員工先虛以委蛇的表態認同，過程中卻不斷製造阻力，這才是棘手問題。

　　把公司各層員工融入創新過程，是一項有效策略。在為一家大型貨運公司進行創新專案時，我們刻意將卡車司機們納入流程，為他們設計了一套積木來實驗新的程序（並檢視**如何**面向），揚棄PowerPoint簡報

（實際上這種簡報通常既不有力也缺少重點）；司機們深受鼓舞，期待自己參與設計的創新能早日落實，勤奮地執行新的營運模式——再打動人心的演說，也造就不了這等效果。

好消息是：鼓舞人心是辦得到的；壞消息是：要辦到不容易，卻可輕易毀之。執行長在員工部落格一句無心留言，會星火燎原般燒遍整個跨國企業；即便事後苦心修補，恐怕幾個月也難見改善。不經大腦的幾秒，足以永遠摧毀員工對老闆的信任。

打造擁護者與變革管理領袖

變革管理亟需早期擁護者及改革先驅，以鼓舞眾人，推動改變。他們常是對創新流程貢獻卓著者，而把聲音最大的反對者轉為擁護者也收效宏大，因為這些人頗具影響力。之前我們為一家科技公司展開大型創新案，一位中階經理不斷激烈反對，引起許多員工跟進。儘管如此，我們說服他相信自己可成為一名重要推手，讓他加入變革管理團隊。這位經理不再自覺受害，轉而成為積極造就者，讓之前對立雙方的士氣大為提高。這樣轉犧牲者為捍衛者的策略可節省大量時間，初期因此延宕的代價，將在後期的順利落實獲得完全補償。

一般而言，創新案會面臨15%的反對，5%的支持，以及80%的無感，你得評估要花多少時間進行溝通。以上述案例來說，面對一位頗具影響力的經理，設法改變他的立場有其必要。而若是一個同樣職務待了25年的生產經理對生產即將外包表示反對，你恐怕不應花太多力氣在這上面，而該努力說服其他八成冷眼旁觀的員工。這點政治人物最清楚：選舉時，與其費心把對手的支持者搶來，不如設法贏得廣大中間民眾的心。

避免認知偏誤

　　新模式概念的分析挑選，常陷入評估後決策錯誤的同樣問題。下面舉出最常見的幾個原因。

　　從早上幾點起床到穿哪件衣服，一般人每天靠本能做出上萬個決定；而在工程、科學界，除非諾貝爾獎得主，本能絕不足以為決策基礎，得仰賴專案小組透過縝密分析，儘管1970年代賽門已點出，組織內這種集體決策其實並不理性，其中情緒份量吃重，直覺仍扮演重要角色。經理人也是常人，也有一般人的認知偏誤（cognitive bias），許多因素造成他們系統性地抉擇失誤，包括以下七種心理現象：

1. **現狀偏誤**：想維持現狀是人性，面對新的商業模式，我們不免會站在產業主流思維這邊。要了解：這不見得意味著害怕改變。

2. **中間效應**（centre-stage effect）：提出三個選項，多數人都挑中間，舉世皆然。一般而言，人們會避開極端。

3. **定錨效應**（anchoring）：一旦某個數字出線（不管出線過程如何隨機），它將成為之後所有選項的評估標準。賣車老鳥深明此理：他們總把顧客先帶去參觀最完備款，當那價位盤旋在客人腦海後，其他車款都顯得便宜可親。同理，如果公司高層認為某專案業績可達3億美元，而實際上「只」貢獻出5000萬美元時，高層就失望了——儘管這5000萬對公司成長極有幫助。

4. **沉沒成本**（sunk cost）：公司創新遲遲未能賺錢，而要放棄一個投入5萬美元的案子，肯定要比一個300萬案子容易多了。

5. **頻率偏頗效應**（frequency validity effect）：事情傳播得愈頻繁，愈容易為人所信。董事會常只因為某種預測甚囂塵上便加以採信，不管

如何荒謬。所謂積非成是，要對抗這種習性並不容易。

6. **零風險偏誤**：選項A：原本微小的風險已完全消除；選項B：原來頗高的風險大幅降低。兩相比較，人們傾向選A，儘管B的預期報酬高出許多。換言之，為了安心，我們寧可放棄可觀金額。一個高現值的新商業模式，看來就是比投資在既有業務多出不少風險。

7. **從眾效應**：心理學家所羅門・艾許（Solomon Asch）在1951年以從眾實驗證明同儕壓力的影響。人有跟隨大眾的本能，當無人質疑或老闆的號召鏗鏘有力，員工儘管心存疑慮，多半還是會跳上車。

一般事情好做決定，策略大事則不容易，因此更要仔細檢驗。日常決策往往只看問題表面而不管根源，這讓豐田（Toyota）祭出「五個為什麼」：每當問題出現，連問五次「為什麼？」——出現一個答案，立刻追問。這有助挖出毛病源頭，幫你做出更穩當的決定。

優秀決策鐵律

- 創新往往誕生於高度不確定性的環境。務必清楚掌握各種考慮因子。
- 決策人數控制在最低。不必要的參與者只會增添過程變數。
- 釐清潛在原因，不斷質疑究竟。
- 包容直覺。直覺來自經驗，來自潛意識；這對複雜決策頗有助益。
- 避免認知偏誤。首先必須意識其存在。
- 若能獲得決策者共識，達成的決議將比較容易實施。
- 勇敢抉擇：有錯可改，遲疑不決則讓眾人無所適從。
- 坦率點出權力鬥爭與利益衝突。
- 記取教訓：孰能無過，但盡量別重蹈覆轍。

肥煙槍症候群

德國衛浴大廠漢斯格雅（Hansgrohe）的執行長漢斯・格雅（Hans Grohe）有言：「創新的必要條件是：大腦、耐心、金錢、運氣……還有固執。」創新意味改變，而改變很難。一位天主教主教曾說，一份教宗通諭（encyclical）要抵達全球各處為所有教會遵行，需時約50年。當然，天主教會超過10億成員，堪稱全球最大機構，步履難免緩慢。企業移動較快，也容易輕忽把想法落實的難度。根據研究，一項破天荒的創新，從構想誕生到穩健營利要30年光陰。

中階主管傾向短期策略，好應付市場狀況，柯達就是藉此維持它在數位攝影的業績。而「短期策略」一詞其實存有矛盾：要達成短期目標，根本不叫策略。許多公司抱著長久以來的模式不放，卻不知這些經營典範早已隨著市場、科技、消費者、競爭對手的發展而成古董。

這些企業的員工好比肥胖的老煙槍：明知健康面對怎樣的風險，也知道如何解決，偏就欠缺貫徹的自律與決心，再來一根菸、一頓美食的誘惑就是無可抵擋。這也無關專業知識：醫師比誰都清楚後果，抽菸率卻高過平均。再回到商場：眼前一份至少能支付部分固定成本的合約聊勝於無，但若長久處於超支，公司終將無以為繼；明知如此，真要放棄這些小合約而投資有前景的大幅改革，實際上困難重重。謀眼前溫飽，圖未來發展，兩者都很重要；但若太過局限，僅顧今天，那就麻煩了。

回到醫學譬喻：一旦腫瘤發展到某個階段，往往只能徹底割除──即便患者不見得因此更好。前哈佛教授兼顧問大衛・邁斯特（David Maister）深入探索肥煙槍症候群，一語道破管理階層的職責所在：領導人要能嚴謹認真地抵禦短期誘惑，投身讓企業永續發展的長久大計。

擬定行動計畫

　　大致擬定行動計畫，是變革管理邁向成功的第一步，這不僅可做為員工平時決策的指南，也能撫平其對未來不確定性的焦慮感。必須記住雙重目標：發展能鼓舞行動的長期願景；達成短期里程碑，證明公司走向正確。

發展願景

　　變革管理計畫一定要有明確的長期願景。公司要邁向何處？三年、五年、七年後的公司面貌是？我們必須改變的原因？把願景勾勒清楚。許多商業模式創新之所以失敗，就在沒把目標說明白。

**　　願景，是有期限的夢想。若沒說明實現期限，那將永遠是個夢。而若始終因各種要務而沒有夢想，你只有停滯不前。**

　　溝通問題，往往不是出在太少，而是太多。當今的員工幾乎被資訊淹沒：電子郵件、內部通訊、每週會議等等；孰輕孰重，他們幾乎無法判斷。我們協助推動商業模式更新的某家企業一位經理，乾脆在他的電子郵件自動回條留言：「我不再讀任何電子郵件。若有要事，請以手機聯絡。」

　　你若計畫展開變革，就得想好如何與員工溝通。曾與我們合作的某高科技公司，就很懂得善用全員大會（town hall meeting）。這種面對面形式的聚會往往在公司主要據點地區舉辦，讓經理人與員工充分交流。布勒公司則採不同手法，在公司大樓內外到處張貼海報旗幟甚至貼紙，

還有影音傳播。切記：要進行改革管理，「感受即現實」；缺乏系統性的行動方案，員工不可能了解你的高瞻遠矚。

重點在溝通內容與方式要用員工熟悉的用語；跟資深經理談的，勢必有別於與業務們講的東西。再者，改革究竟會對員工造成什麼影響，這點務必加以澄清，如果實施線上銷售，業務部將面臨何種改變？哪些職務會被淘汰？受影響的員工得學習什麼新技能？澄清這些疑慮，才可能獲得全員齊心變革的承諾。

隨即展現成果

長遠的願景很重要，而儘速達成初步目標也極其關鍵。先摘下成熟的果子，就商業模式創新來說包括：客戶的肯定，重要夥伴的承諾，新模式就緒後簽到的第一份合約。這樣的成果意義重大，可穩定軍心，證明方向正確，平息懷疑嘲弄，讓大家繼續向前。及時慶功，激發士氣。

2011 年，3M ——堪稱全球最具創新能力之企業——成立「3M服務」（3M Services）變身為服務業，從諮商、專案管理、訓練到售後服務，為所有3M產品的客戶提供量身打造的解決方案。這對擁有5萬種商品及45項後援技術、向來以此基因自豪的公司而言，不啻為驚天一步，引發內部質疑。管理階層必須證明這項業務對既有產品線有絕對好處，隨即到來的合約果然提高了產品收入，讓此新模式快速獲得認可。

管理階層要主動尋獲這類即期效應。毋須被動等待，到了某個程度，你其實可主動出擊，向客戶蒐集意見或先落實新模式的某些面向，達成初期目標。即便只是小小成績，也要讓員工不斷見證改革成果，這在初期階段格外重要。

但也千萬別忘了遠方願景，努力汲取長短目標的平衡。

定義架構與目標

變革管理的第三個重要層面：界定正式架構、流程、目標。每個人做事都需要動力，因此，有必要為整個模式創新流程定義合宜的行為準則。

規劃架構

商業模式創新可以有不同的規劃：或放在既有業務之內，或做為新的業務單位，或甚至成立獨立公司。外在環境自會決定何者最適。前述3M例子中，公司一開始就決定將3M服務劃為新事業處，以凸顯其於核心事業群之外的獨立性。CEWE同樣把新的數位影印業務獨立出來，確保公司卓越的技術與產品不受影響；於是，CEWE數位公司（CEWE Digital）於1997年誕生，從外界新聘不同技術背景的員工，避免侵蝕母公司核心事業，同時享有後者全力支持，藉新的數位應用之力創新流程、發展產品技術。2004年，母公司重新合併這個單位，讓更多員工接受相關訓練，產品組合因豐富多元的數位產品獲得強化。今天，CEWE在歐洲各國幾乎都居領先地位，平均市占率四成以上。單在2009年，該公司沖洗相片張數超過26億，另賣出CEWE相本禮品超過360萬項。

且不論你是否打算讓這新業務獨立，初期階段，要確保它「受到保護」，不被原核心業務陰影籠罩。Evonik另行安置創新團隊，視之為獨立新創公司。許多公司更進一步，高規格管制商業模式創新單位之人員進出。迅達電梯（Schindler）便為前衛創新規劃獨立大樓，非授權員工不得出入。1980年代，賈伯斯把麥塔金（Macintosh）研發小組單獨安

置於蘋果公司一棟獨立建築，外頭飛舞著一面海盜旗！

　　如此刻意為之的主要目的，是不讓創新模式變成內部業務衝突部門的攻擊炮灰。大型企業中總會有人虎視眈眈，隨時準備咬住這類專案的任何閃失。SAP公司在開發SAP Business ByDesign（針對中型企業之雲端運算方案）階段，特地把開發小組與其他員工隔離，嚴格把關，杜絕一切無謂干擾。

　　商業模式創新團隊，在完全獨立於公司日常營運之外時的效能最佳。這讓他們得以輕鬆跳脫業界主流思維，不怕採取激進措施。這也大幅提高新模式的生存機率，避免因初期難免的差錯而遭埋沒。新模式要獲得認可，要設法讓它走入組織，而這是條艱辛的道路。

釐清目標

　　變革管理除了要有願景與長程行動計畫，具體目標也十分重要。我們推薦所謂SMART原則：

- Specific **明確**：目標須精準確實；
- Measurable **可衡量**：目標須能夠清楚衡量；
- Acceptable **可接受**：目標要能被團隊接受；
- Realistic **實際**：目標要能夠達成；
- Time-bound **時限**：目標須在設定時間內完成。

　　面對商業模式創新，目標設定要格外謹慎，尤其在發展初期，小心別讓目標扼殺了創意。某大軟體公司一位業務開發經理就向上級抱怨財

務長讓他不勝其煩，要求公司應模仿創投家之對待新創公司：放手讓投資對象揮灑創意。該經理運氣不錯，老闆給了他三年預算，到期前毋須煩惱成果報告。

消費性產品製造商漢高（Henkel）採行「3×6小組」：六名研發部門員工，針對六項產品概念，自由工作六個月。公司最終目標也很簡單：誕生六個有潛力的產品概念。這若用在同樣需要自由的商業模式創新上，想必也頗有成效。

太早訂定目標，恐怕會扼殺創新，最好先進行小規模市場測試。目標一旦設立，高層決策就易於傾向先看到短期成果，而忽略為長期目標創造必要條件。3M當年就有此洞見，給予「3M服務」事業執行長一年的自由，之後再談目標及關鍵績效指標。該執行長說：「整整一年沒有任何目標，那簡直像在做夢，卻也是個正確策略──商業模式絕對需要時間孵化。」時間證明此言不虛。如今，3M預計中長期整合方案將貢獻四分之一營收。

執行績效管理系統

除了明訂目標，衡量績效也很重要，包括個別員工與團隊，甚至從各個面向評估創新本身。控制面板（dashboard）有助掌握進度，及時調整。成果應根據目標評量，也可激勵小組競爭。我們進行的一個創新案中，便將各地區團隊的績效公佈於員工餐廳，每週更新；團隊間迅速進入激烈的君子之爭，落實速度大幅推進。

想達成目標，激勵扮演著關鍵角色，推動商業模式革新時也千萬別忽略了這一塊。當然，激勵不見得只有金錢形式，表揚等其他手法效果也頗佳。在CEWE，提出好點子的員工可獲得獎金，若入選為進一步

研發個案，還將受邀至最高管理階層前簡報，這往往比獎金產生更大的激勵作用。瑞士科技公司布勒也在內部舉辦創新比賽，獲勝團隊可選擇去哈佛商學院聽課，或拿一筆種子獎金，把想法落實為新的業務。丹麥水泥礦產業巨擘FLSmidth也採取類似手法：優勝小組可運用一半上班時間，在有丹麥MIT之稱的丹麥科技大學（Techincal University of Denmark）專家指導下自行開發。這類獎賞包括兩方面的激勵：外在，透過獎金與地位；內在，以參與開發做為鼓舞。實證研究顯示，當員工內在士氣愈高，創新成功機率也相對提高。

打造能力

要成功推銷創新的商業模式，適合的能力不可缺，那來自不斷應用的知識。正確知識雖然是打造能力的第一步，正確應用也很重要。換言之，團隊要充分融入新的商業模式。

挑選對的團隊

任何專案都需要資源，商業模式創新也不例外。而在初期——設計階段——清晰的願景與決心，比財務資源來得重要，管理階層與專案相關的每一份子都必須充分了解動機。你能想像當年馬丁・路德・金恩（Martin Luther King）如果開口說：「我有一筆預算……」！那演講還能留名青史嗎？話說回來，預算又證明了高層的支持，畢竟，公司得吸收一定程度的機會成本，讓某些重要員工分身投入新建設。

團隊合作決定一切，但實際上，團隊的挑選幾乎總是一場災難。此事影響至巨：什麼樣的團隊素質，就會有什麼樣的專案成效。必須考慮

個人因素，如專業知識、工作風格、社交能力；此外，也須留意職務功能和各種要求的平衡。每一名成員都須展現創意上的貢獻，今非昔比，據說亨利・福特曾哀嘆：「怎麼每次我只要求來一雙手幫忙，偏偏都跟著來了個腦袋呢？」我們早就回不去那個時代了。

在過去，創新常常局限於特定部門，如研發部門的工程師。讓那些「有創意的」員工去傷腦筋吧。而今天我們明白：創新——在商業模式尤其如此——是跨領域、高交互作用的過程，任何面向都不能遺漏。商業模式的創新除了研發部門，其他所有關係人也都必須從頭參與，包括行銷、策略、業務、製造、物流及採購，以至顧客與供應商。如果是由一個小型核心團隊開始，則務必充分探索各個面向的意見，否則極可能在設計階段產生盲點，造成難以為繼的殘局。

下列十點，可做為挑選團隊成員的指南：

成員挑選清單

1. 是否涵蓋了所有相關領域？如：行銷，技術，策略，物流，製造，採購？

2. 是否包含顧客與潛在顧客？或至少有其代表成員？

3. 是否包含夠多有能力跳脫框架看問題的人？

4. 是否包含這個產業以外的成員？

5. 這個團隊可有打破組織慣性的強烈動機？

6. 這不會只演成紙上談兵吧？了解公司業務、具備實戰能力的成員是否夠多？

7. 這團隊是否既有獨立運作空間，又能與其他部門維持相當聯繫？

8. 成員中可有人能扮演觸媒，不斷推動案子前進？

9. 過程中是否需要外來的協調人？

10. 是否有來自管理高層的贊助人？

彌補不足之處

　　一旦展開細部作業，你可能會發現：要落實創新還欠缺某些能力。
補救之道有三：

- **內部培養**：邊做邊學，招募新手，安排訓練，都是從組織內培養能
  力的做法，只是曠日費時，需要十足耐性。2010 年，科技暨顧問公
  司 Zühlke 決定成立新事業群 Zühlke Ventrues，針對新創公司提供金
  融及科技協助。當時公司完全沒有創業投資相關知識，由兩位管理
  高層為貫徹此目標投入全部心力。這個轉向奠定該公司在新創領域
  的地位，也更鞏固其在科技圈的專家形象。

- **與他人合作**：第二種打造能力的辦法：找尋夥伴，帶進任何你需要
  的能力。相較之下，這比特地招募新人容易多了。以 3M 服務公司
  為例，當初它決定跨入解決方案領域，提供以 3M 產品滿足顧客各
  種需求時，選擇把所有必要服務作業全交給合作夥伴，因為 3M 欠
  缺的相關能力與資源，只要透過合適供應商即可輕鬆完成。舉一例
  具體說明：某代理車商想採用 3M 汽車貼紙，這要直接與 3M 服務
  交涉；之後的服務，則由 3M 認證夥伴負責。如此這般，三十多種
  不同夥伴為 3M 服務提供各種能力；在某些領域，服務夥伴可能僅
  有一名。

2000年，總部位於瑞士的衛浴配件廠吉博力（Geberit），策略由「推」改為「拉」，將商業模式徹底翻轉：它不再透過零售通路，而開始自行服務家庭用戶。因之前從未直接服務終端消費者，缺少執行這項策略的能力，吉博力決定打造水管工人夥伴網。為擴充網絡，它提供各項誘因，諸如：免費支援、座談會、持續的教育訓練等。多虧這個新模式，如今吉博力穩居瑞士及德國領導品牌地位。

- **買進能力或企業**：打造能力最後一招：買下整家公司或某個事業群。這招最立竿見影，卻也最具風險。

沒多久之前，德國漢莎航空（Luthansa）因廉航競爭而備感壓力，由於自身成本結構無法再成立一家廉航，它決定買下德國之翼（Germanwings）。如今，高低兩端顧客的不同期望值讓它手足無措，新的商業模式不斷侵蝕舊有基礎，讓顧客十分錯愕。一位不滿的客人便在漢莎臉書留言：「我開始嚴重懷疑漢莎是否做足準備。」

甲骨文（Oracle）創辦人賴瑞‧艾立森（Larry Ellison）大手筆的購買癖可謂眾所週知。該公司出身資料庫軟體，卻在過去十年以逾500億美元陸續買下其他企業，意圖變身為企業資訊方案供應商，讓企業所有資訊需求皆能透過甲骨文得到滿足：藉操作系統獲得軟硬體（透過昇陽電腦Sun），虛擬化與行政軟體（透過Virtual Iron），企業資源規劃（ERP）軟體（透過PeopleSoft、BEA、Siebel），雲端客戶關係管理（透過RightNow）。業界某些評論家質疑這些購併對科技及業務產生的整合效益。該模式仍在發展，最終是否成功仍在未定之天。不過，甲骨文業務蒸蒸日上，富比士（Forbes）稱該公司為全球第二大軟體供應商，這多少應歸功其購併策略。

創新也可以經由收購獲得，許多企業即如此踏入創投，3M New Venture即為其一，在市場持續尋覓新的投資標的。與其他許多類似企業不同的是，3M New Ventures只鎖定能讓3M核心能力發揮、壯大的潛在機會。

打造創新文化

科技導向的企業往往容易低估、甚至忽視公司文化對變革管理的影響。這種致命態度頗為常見：「什麼都是文化的一部分，但我們只是工程師……我們的文化就是這個樣子。」事實上，文化是管理階層可以積極塑造出來的。

3M以創新文化見長，所謂「十五趴原則」（15 per cent rule）只是其中一個著稱面向：每名員工都可利用15%的時間研究本分之外的創意──很多創新企業也跟進採行此一概念，包括谷歌。與3M人共事，便可深刻感受那種接受新觀念的開放態度，那已然寫入他們的基因。該公司每年舉辦創新峰會，讓員工盡情討論所有創新點子。

以Gore-Tex系列高性能纖維著稱的戈爾公司（W. L. Gore & Associates, Gore）也有類似的創意基因。董事長由八千多名員工投票推舉，公司秉持人人有強烈工作動力的治理原則，所有員工都是合夥人，由專案小組自行推舉領導人；新進人員沒有直屬長官，但有一位負責輔導的前輩。部門人數不得超過150人，以確保彈性，避免僵化；若人數超過極限，就按公司「阿米巴原則」分出新部門。這種文化，讓戈爾創新地位不墜，且由紡織纖維逐步拓展至醫療科技、電子、工業產品等領域。對這種近似無政府文化，執行長泰麗・凱利（Terri Kelly）甚表支持：「不分階級，沒有頭銜。如果你召開會議而無人出席，恐怕就表示是你的點

子不夠好。」她說。

戈爾的規矩由下列原則組成：

1. **自由**：做你自己，培養自我，發展出自己的想法。錯誤失敗難免，從中記取教訓。創造的過程總少不了失誤。

2. **承諾**：沒人指派工作給你；在這兒，每個人自己做出承諾，並且負責到底。

3. **公平**：戈爾人絕對盡心公平待人，無論同僚、供應商、顧客，以至任何業務夥伴。

4. **吃水線**：戈爾人在做任何可能「低於吃水線」──對公司造成巨大傷害──的事情之前，一定會先請教其他夥伴。此外，他們鼓勵也要求實驗。

哈佛教授麥可・史登（Michael Stern）針對有強烈創新文化的企業進行一項研究，找出他們的共通特性：

● **員工積極主動**：授權極為重要。

● **有權投入本份之外的潛艇專案**（submarine project）：易利信（Ericsson）在這方面十分開放，極為容忍員工從事非正式的創新事項；所謂非正式，意謂該案並非上層指示。Touring轎旅車是BMW最暢銷車款之一，當初公司無意發展此種車款，任由一名員工於自家車庫研發，等高層目睹第一代原型，終於相信這個路線頗有潛力。話說回來，這是把雙面刃，所謂潛艇專案，說的都是成功案例；至於有多少無疾而終沉沒海底，根本無法統計。

● **創造機遇**：要懂得捕捉幸運的瞬間。關鍵：挖掘潛藏機會，充分掌

握。3M便利貼（Post-it）就是這麼誕生的：一個偶發點子被成功地商業化。戈爾的阿米巴變形蟲組織設計，也正為了造就這種環境。

● **員工多面向**：當公司擁有各種技術背景、不同職能及社會歷練、多元國籍與性別的員工，創新能力就愈強。跨國設計公司IDEO即視多元化為創意核心要素。

● **溝通，溝通，溝通**：溝通帶來創新。九成的商業模式創新來自既有概念、想法以及模式，只是重新加以組合。個人的偉大發明固然重要，與團隊能夠締造的成就一比則黯然失色。

這些都是經營者能夠刻意為之的事。沒錯，形塑企業文化要比導入研發工具難，但絕非不可能。其中最重要的元素為：員工，目標設定，你面對挫敗的態度，以及你的以身作則。

想要成功翻新商業模式，需要開放的文化及由挫敗中汲取養分的能力。說來矛盾：當懷疑論者否定一個新模式點子，十之八九證明他們是對的；但若由他們掌權，創新將被扼殺，競爭漸處下風。旺盛的創新文化有助醞釀能量，打破產業主流思維。那可不容易，畢竟人是習慣的動物，而你一定要持續下去，讓大家體會：打破現狀是件何等美妙的經歷。

第 2 篇

55 款致勝模式
——你又如何從中獲益

我們的實證顯示,許多新商業模式核心,無非是某些模式的不斷再現。這對需要創新營運模式者而言是好消息,要跳脫既有思考框架,實在相當困難。而這包含55種類型的模組,是衝破困境、尋獲新意的最佳引擎。

欲活用商業模式導航,徹底了解這55種類型是關鍵。所謂模仿,絕非照抄而已;得其精髓,才能激發有亮點的模仿與重組。想成功套用某類型,唯有先充分理解該類型的整體意涵、關鍵要素及特性,才可能釋出重新詮釋的爆發力。

本篇將一一闡述這55種類型,除了起源、一般邏輯、值得探討之問題、圖像表示,還佐以諸多實際案例及故事,深入淺出,讓你充分認識每一種模式。

本篇重點:

- 想創新企業營運模式,毋須從頭發明輪胎——世上所有成功的商業模式,幾乎無一不含有這55種類型之一二。

- 一種模式並不局限於任何特定產業,而可適用於多種情境——創新模式的關鍵在於:找出一種前所未見的應用手法。

- 這55種模式,既可做為思考全新營運模式的基礎,亦可用來重新檢討既有模式。

- 這些類型都不是死的——當你讀著本篇,或許透過重組,全新概念便已油然而生。

附帶銷售
Add-on
付得愈多，拿得愈多

類　型

　　附帶銷售模式之下，主產品定價極具競爭性，額外的各項搭配則讓最終價格水漲船高，消費者掏出的金額超過原本預期，但可滿足個人所需。飛機票即為一例：基本票價十分低廉，「附帶購買」的加值項目如信用卡支付、食物、行李費等，則一一墊高了最後票價。

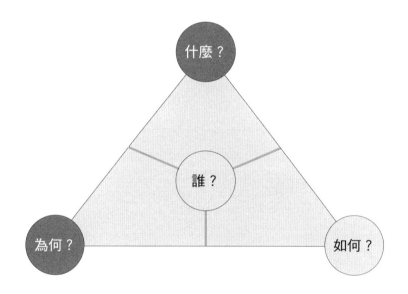

　　附帶銷售往往需要非常複雜的定價策略。核心產品必須有效廣告、廉價促銷。網路平台是一大助力，讓消費者一目了然（基本）價格。FareCompare.com及Skyscanner.net清楚列出各家廉航票價，其他如飯店、租車、假期之類等相關服務的價格也一查可知。這種價格競爭之下，往往贏者全拿。

　　如前所述，消費者以可觀的金額購買各式各樣的額外服務（為

何？）：也許是附加屬性，也許是附帶服務或延伸產品，甚至是量身打造的特製品。為這些東西多掏腰包、抑或陽春商品即可？主權握在顧客手中，這正是此一模式為消費者帶來的利益（什麼？）。相對地，消費者可能因你提供的額外選項，而放棄相對便宜的競爭品牌（什麼？）。

公司打造產品的價值主張時，得判斷哪些性能可為最多顧客創造最高邊際效益。從有核心功能的陽春商品出發，每位客人可依據所好自行加購，達到最大滿足。

這種商業模式特別適合難以區隔的產品市場，顧客喜好形形色色，不是幾種等級、版本便可滿足，也沒有一種價值主張能同時吸引大量消費者。基於此理，車商在各型車款外提供加值選項，已成為業界標準手法。

起　　源

此類型起於何時難以追溯，只能說由來已久，服務業以附加屬性或特別服務誘使顧客提高消費更屬常見。工業化之後，模組生產容易，也帶動更豐富多樣的加值內容。

我們大概都曾有此經歷：半夜在飯店房間，忍不住想從迷你吧拿一罐清涼飲料，而飯店提供這項服務，要價可不低，隨便一瓶水或點心都貴得令人咂舌。

有樣學樣，旅遊業將此發揚光大，如遊輪常以低價促銷含基本行程與住宿的套票，若想要有陽台的客艙、上岸觀光、飲料、特別活動、使用健身房或做 spa，樣樣俱全，加錢即可享用。

創新者

　　創始於1985年的愛爾蘭瑞安航空（Ryanair）原屬地區業者，如今則是歐洲數一數二的廉航老大。它遵行明確的低成本營運策略，2011年，乘客人次達7640萬，超過德國漢莎的6560萬人次成為全歐第一。激進的價格策略加上精細的成本結構，確保了公司獲利，而這些全因其積極採用附帶銷售模式所致。

　　瑞安機票起價十分低廉，其他各項服務則另外計費，如機上服務、餐飲、旅遊保險、優先登機、額外或超重行李等，另外許多成本也轉嫁

附帶銷售手法解析

瑞安航空

基礎票價	19.99€
托運行李（15公斤）： 單程每件費用25歐元（x2）	50€
運動器材托運	50€
付費選座： 優先座位（包括優先登機）	10€
小計	129.99€
信用卡手續費（2%）	2.59€
機上餐飲 （如：百事可樂配三明治）	7€
總計	**139.58€**

（ryanair.com線上訂票至某地之旺季價格，顯示時間：2014年3月）

給乘客。若干年前，愛爾蘭籍執行長麥可・奧萊利（Michael O'Leary）曾在某一次策略研討會中咧嘴跟我們說：「做生意，三件事最重要：成本，成本，成本；至於其他，就留給商學院去說吧。」嚴格恪守如此戒律，就有辦法打好割喉戰。

在線上訂位及價格透明的推波助瀾下，此種策略頗能推升顧客人次。

德國汽車技術供應商博世，有鑑於引擎生產部門無法提供周全服務，而打造出新的商業模式：每部引擎核心的電子控制單元（ECU）皆包含軟硬體，必須根據各類車型與引擎量身製造。以往博世以套裝組合方式將其賣給車商，以件計價（內含客製費用）。量大沒有問題（一次生產可達規模經濟），反之，量少的特殊車款如某些跑車就划不來了。

於是博世另外成立一家公司，也就是現在的博世工程技術有限公司（Bosch Engineering GmbH, BEG）；1999年成立時，全公司上下不過10人。BEG除生產一般硬體外，可另外接單處理客製項目，內建軟體也能依顧客需求量身打造。這種新的營運模式很適合小型訂單，大單則仍歸博世處理。時間證明，如此另起爐灶打造創新模式的策略大獲成功：截至2013年，BEG員工人數超過1,800名，年營業額達2億歐元之上。

附帶銷售模式不僅適用於成本錙銖必較的航空業，也同樣適用於奢侈品。汽車業則將之發揮到淋漓盡致，有時這些附加項目反而帶來更高利潤；尤其高檔品牌，如賓士（Mercedes-Benz）或BMW，有能力為顧客量身打造，獲利也更高。高檔車能定位頂級，正因具備滿足個別買家不同需求的能耐，以賓士S系列為例，可另行選購的升級配備超過百項，看你是要成套設計還是個別附件，一番個人化下來，價格很容易增加五成以上。為你專屬打造的哈雷個性機車，價位躍升兩到三倍。近十

年，哈雷也開始推出入門款（像是Sportster Forty-Eight），希望藉著各種客製配備創造厚利。

另一個例子是SAP。這家為企業提供經營管理軟體的德國公司，以廉價出售標準套裝軟體，再鼓勵客戶加買其他程式，以發揮SAP軟體最大效益，包括：客戶關係管理、產品生命週期管理、供應商關係管理等應用程式。這些套裝軟體大幅擴充SAP服務客戶的範疇，顧客可選擇基本軟體，也可根據特殊需求選購，雙管為SAP注入財源。

最後談談世嘉（Sega）。總部座落於日本，全球各地設有分支，這家軟體暨電子遊戲開發商是該產業採行附帶銷售模式第一人。世嘉最初生產遊戲機，現在卻以幫第三方硬體與遊戲機客戶開發遊戲軟體為主，它率先推出可下載的電玩遊戲系列，買家可直接向它購買。在此附帶銷售的概念下，世嘉引進兩條營收活水：遊戲軟體，可下載的遊戲延伸；買家則可隨心所欲擴充電玩系列。

此商業模式可幫你的特定技術與配備進入市場，而那往往需要交叉補貼（cross-subsidised）。例如要推動駕駛輔助系統這類昂貴科技，就會提高其他標準附加配備的價格加以補貼。

採用附帶銷售：何時？如何？

最適合的前提是，當顧客先選購了基本產品，例如從倫敦飛往巴黎的機票或一輛奧迪（Audi）A4，此時即可端上種種顧客不再那麼在意價格的選項。近來的消費者行為研究證實，那正是一般人購買消費品的模式：他們先根據價格等標準理性評估，隨後便進入感性主宰的採買階段。一旦坐進那擁擠的經濟艙座位，你就不會再在意啤酒或三明治要價

多少了。

　　若決策者不止一方，這模式也適用於B2B。不動產投資客常設法將原始投資降到最低，以便脫手時能賺到最多；什麼空調設備、電梯、保全系統，愈便宜愈好，以後可觀的服務成本，就交給物業管理公司吧。

深思題

- 我們是否能推出讓消費者四處比價的基本品，再逐步添加其他服務？
- 我們可有辦法抓牢顧客，讓他們從我們這兒添購加值商品？

聯　盟
Affiliation
你成功就是我成功

2

類　型

　　聯盟模式的重心在協助行銷，以從他方的交易獲利。公司可由此接觸不同的消費者，卻毋須增加行銷業務支出。「根據銷售量付費」（pay-per-sale）或「依顯示次數付費」（pay-per-display）是常見手法，且往往在線上進行。舉例來說，某網站業者讓別家公司在其網頁放置橫幅廣告，藉「點擊」或「印象」次數抽佣；反之，聯盟者也可將自己產品放在較大網路平台銷售，根據銷量付費給該網站。

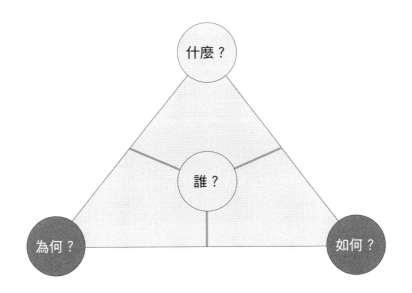

　　聯盟不是什麼新概念，保險業務員就是按賣出的保險抽佣金，只不過網路壯大了它的規模，形成今天我們熟知的模樣。某家商品或服務廠商可自建聯盟方案，或透過專門代理商。一般而言，只要有基本尊重，代理商對產品呈現擁有很大的操作空間。

讓消費者移到原始賣家網站是重點，而且，要讓賣家能辨識前來光顧的潛在買家來自哪個中間商（如何？）。抽佣方式很多，最常見的是根據事先議定之消費者表現抽取一定比例，像是：消費者下了訂單，或探詢更多商品訊息。

聯盟固然對原始賣家的通路及業績影響很大，對中間商而言，其實也可做為一種商業模式，實際上，聯盟已成為他們獲利模式的重要支柱（為何？）；許多知名部落格、論壇、比價網站及產品服務黃頁都極仰賴佣金挹注財源，有些甚至全靠此維生。

起源

現代聯盟的淵源可回溯至網路興起之初，先行者之一PC Flowers & Gifts在1980年代末開始在Prodigy Network行銷，1995年整個業務轉至線上，一年後便宣稱聯盟夥伴達2,600家，該企業創始人托賓（William J. Tobin）握有多項聯盟行銷專利，堪稱聯盟商業模式先驅之一。ClickZ的網路行銷專家則說，此一概念極可能起於90年代初期Cybererotica等成人網站；成人娛樂產業廝殺慘烈，每帶來一名顧客可抽佣金甚至可達五成。這種模式隨即以燎原之勢燒向各處。1997年，refer-it.com成立，旨在追蹤聯盟手法的無窮演進；不令人意外地，到該公司於1999年售出前，其主要財源來自各個通路夥伴之佣金貢獻。

創新者

1996年，亞馬遜推出「亞馬遜結盟契約」（Amazon.com Associates

聯盟：谷歌聯盟平台之商業模式

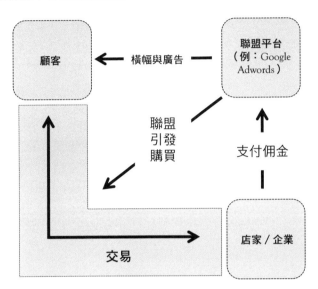

Program），可謂聯盟行銷的引爆點。當時仍然只是純網路書店的亞馬遜，以「線上顧客推薦系統」拿到字號6029141之美國專利，其實它並非第一個採用這種體系的企業。全世界加入這個契約的網站，若介紹讀者前往亞馬遜購買成功，便可拿到退佣。亞馬遜結盟契約旋即席捲網路，不僅促成亞馬遜的快速崛起，更也繼續隨著亞馬遜產品線不斷擴張而成長。線上有關音樂影片的討論評介，鮮少沒義務性地附帶「向亞馬遜購買」的按鍵；電子產品、家用品的開箱文幾乎也都如此。每一筆結盟帶來的收入，亞馬遜會將4~10%分給結盟網站，並協助他們將業務極致拓展。

　　許多網站及其母公司可說是由聯盟行銷一手催生，其商業模式之核心財源全來自於此。Pinterest即為一典型範例。這個社群書籤網站能夠

聲名鵲起，固然因為設計功力一流，然其善用佣金制更屬一絕，靠此雙箭在極短期內便成為矽谷新創當紅炸子雞。網路分析公司comScore指出，它是首家在問世不到兩年，每月有辦法持續流入1000萬名不重複訪客的網站。Pinterest背後概念非常聰明，卻也極其簡單：使用者打造虛擬主題釘板（pinboard），與朋友或同好分享喜愛的相片、連結，其中不少迷人相片是網路某處販售的物品。Pinterest巧妙地把這些貼文連結至原始賣家網站，內建自家聯盟識別碼。如此創造出的推薦流量，連谷歌、推特（Twitter）、YouTube都望塵莫及。Pinterest不曾公佈其財務數字，但說它勢必十分驚人應屬合理推測。

採用聯盟：何時？如何？

此類型有兩項前提：健全的生態環境，滿懷熱忱的消費者。聯盟之所以成功，就在能讓各方皆贏：商家獲得流量，交易未成不發生成本；消費者或其他仲介商家則有金錢回饋。如果確知你想瞄準之顧客類型，聯盟會是合適手法。若你無以負荷成立直銷團隊，聯盟更是絕佳選擇。

深思題

- 我們可有辦法從新顧客賺錢，且讓他們成為長期顧客？
- 如何為我們的聯盟平台找到最理想的夥伴？
- 如何應付聯盟行銷營收之不確定性？
- 萬一結盟夥伴對顧客失信，我們如何處理消費者反彈？

合氣道
Aikido
化對手之強項為弱項

3

類　　型

　　合氣道是一種日本武術，借力使力，四兩撥千斤地化解攻擊者之勢。用於商業模式時，則意指與業界標準大異其趣之商品或服務（什麼？）；就公司而言，則意味著尋覓迥異於對手之定位，以避免正面交鋒（為何？）。對手往往埋首於眼前問題而無暇理睬此另類做法，待驚覺時，其原有優勢——如較好的品質、較低的售價——竟已不敵這後起之秀。

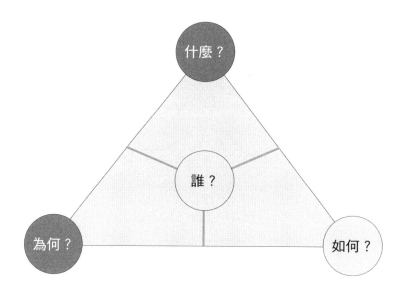

　　我們或可說，合氣道原則也是一種差異化，非常挑釁的一種：業界習以為常的差異化因子全被摒除，代之以全新做法。而實際上，這些做法或曾現身其他產業，不盡然前所未見。

起　源

　　採完全相反攻勢，以子之矛攻子之盾，古時其來有自：《聖經》中有提及，牧羊人大衛（David）僅憑一副彈弓，便撂倒了可怖巨人歌利亞（Goliath）。大衛手無寸鐵，身形相對微不足道，想要制勝，非得出奇。歌利亞的弱點（相對即大衛之優勢）在不懂如何躲逃彈弓進擊，因他根本不熟悉這種武器。

　　商場使用此模式之先驅有美國的六旗集團（Six Flags），它旗下21家遊樂園遍佈美加及墨西哥。六旗聚焦區域訴求，採低門檻的親民定價，與迪士尼樂園（Disneyland）等全國性主題樂園策略截然不同。地理位置之便利，帶動在地顧客一再回流，無需太多行銷便有漂亮營收，還有一個好處：即便淡季，仍能吸引當地居民持續光顧。

創新者

　　合氣道模式也外溢及其他產業。現屬萊雅（L'Oreal）集團、成立於1976年的美體小鋪（The Body Shop），是化妝品連鎖店，經營手法卻完全另類，符合合氣道模式。創辦人安妮塔・羅迪克（Anita Roddick）扼要說明其策略：「我先觀察化妝品業走向，然後背道而馳。」美體小鋪一大特色在鮮少名模、活動，行銷費用不到業界平均五分之一。此外，他們主張環保，瓶罐盡可能回收再利用；採天然原料，強調其產品不經動物實驗之道德途徑。這一切，皆凸顯其化妝品界異類形象，卻也助其走出一條全新大道。

　　創於1983年的Swatch，是走獨特設計的瑞士手錶，以親民價格讓

合氣道：美體小鋪如何轉變主流市場邏輯

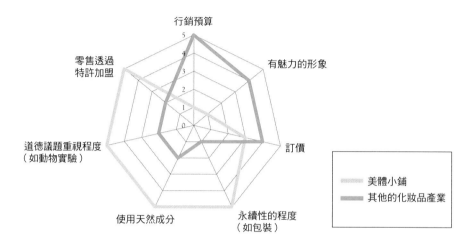

計時器搖身成為時尚配件。循著合氣道模式，Swatch操作迥然異於瑞士錶業；後者依循昂貴精品的傳統路線，Swatch則藉平價搭高品質衝出市場。成功觸及敏於潮流的消費者後，它灌輸消費者擁有多錶意識，不斷擴充版圖。獨樹一幟的定位，為Swatch帶來廣大客群，創造豐厚營收與獲利。

太陽劇團（Cirque du Soleil）也是成功的合氣道模式操刀者。太陽劇團可說是脫胎於馬戲團概念，而在某些重要環節全然換骨的文化現象，它著力避開所費不貲的傳統馬戲台柱如動物表演、明星藝人，注入歌劇、芭蕾、戲劇、街頭表演藝術因子，打造出前所未見的娛樂饗宴。此種特殊風格不僅為它省下龐大成本，更吸引了完全不同的全新客層，包括成人與企業。

日本消費性電子產品廠商任天堂（Nintendo），電動遊戲收入居全球之冠。循合氣道法則，它推出一款迥然有別於對手的遊戲機：Wii。

Wii有多項前衛設計，像是既可指揮方向又能感測運動的無線遙控器，帶來前所未見的互動效果。因為Wii，任天堂擄獲一般電玩之外的廣大顧客，贏得傲人業績；而Wii之所以創此佳績，也不能不歸功其背後獨特概念與輔助軟體。

應用合氣道：何時？如何？

合氣道模式相當誘人，卻也需要極大勇氣。若想借敵手之力將其一軍，不出人意表不行。這招放諸四海無不可用，但須隨時警戒是否出現差錯；對手有其不敗地位，畢竟有其道理，掌握市場變動向來重要，採用合氣道時，更當如此。

深思題

- 如果採合氣道模式，會有顧客率先跟我們走嗎？
- 該領頭顧客是我們的目標客群，還是識見過人、一般人不會跟進的一枝獨秀？
- 我們能否一一擊破各個阻礙，成功改寫遊戲規則？

拍　賣
Auction
一次、兩次……得標！

4

類 型

拍賣模式基礎在參與式定價。換言之,服務/商品價格並非賣家說了算,買家也扮演積極角色。某個有興趣的買方根據自己的拿捏喊價,由是開啟拍賣模式的叫價過程;待拍賣落槌定音,喊價最高者贏下購買權。

拍賣最大的優點,從買方角度在不會超出預算(什麼?);對賣方來說,則是能更有效地把商品放到市場(為何?)。某些罕見稀少的東西,不易找到定價基準,需求也難以拿捏,此時,拍賣這種形式格外可貴。而為保障賣方不致割喉拍賣,「保留價格」的設定也見諸某些狀況(為何?);不到拍賣終了,賣出價不見分曉。

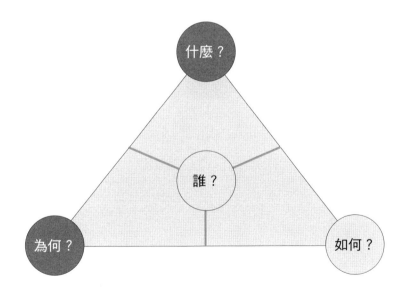

起　源

　　這種商業模式頗有年歲。約莫西元前 500 年，古巴比倫婦女遭拍賣給將來的丈夫，今天，拍賣行的發跡則炒熱這項模式，其中最悠久之一的蘇富比（Sotheby's）由書商山繆‧貝克（Samuel Baker）創於 1744 年的倫敦，該年 3 月 11 日的首樁拍賣會即由貝克主持，旨在出脫數百本珍藏書籍獲利。爾後，拍賣內容迅即擴至獎章、銀幣、版畫等。

　　網路又為此類型展開重大新紀元，空間不再受限，參與者大為增加。先驅之一為 eBay，全球許多個人、企業由此售出種種商品；賣家於網頁描述拍賣標的，有意者開始競標。自 eBay 1995 年成立以來，約 20 億樁拍賣於此發生，使它成為當代最大拍賣行。

創新者

　　這些年間，eBay 之外，拍賣概念陸續以創的商業模式出現：總部設於加州納帕（Napa）的 WineBid 是一網路葡萄酒拍賣平台，任何人或酒商都可在此將葡萄酒拍賣給世界各地的鑑賞家。為免拍賣低於所值，賣家會設定保留價格。1996 年成立以來，發展十分蓬勃，註冊人數已衝破 6 萬，成為業界第一把交椅。

　　據此衍生的創新模式，且有「逆向」拍賣，或稱為採購拍賣。有別於傳統上買家競逐商品，逆向拍賣是賣家競標合約。

　　成立於 1997 年，聚焦旅遊相關服務的 Priceline 即為成功典範：計畫旅遊的顧客詳列整趟旅程各環節目標（諸如航班、飯店、租車等），也許加上最高預算，Priceline 從其平台夥伴中搜尋競標條件符合者加以撮

合，消費者買了不能反悔。雖說買家必須承擔一些風險，這項模式無論如何扶搖直上：2011年該公司員工有3,400名，全球營業額達40億美元。

拍賣：此類型發展進程

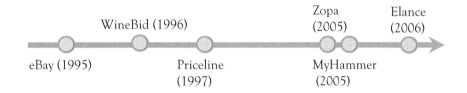

拍賣模式也見諸智慧財產經紀交易。專利經紀公司ICAP旗下的Ocean Tomo，自2009年起，透過私下中介平台與現場拍賣，專事包括專利在內等智慧財產買賣媒合。憑著數百多筆交易件數及超過1500萬美元成交值，它成為專利買賣這樁晦澀行業的世界龍頭。Ocean Tomo歷經起伏，資訊的不對稱是拍賣模式一大阻礙；專利涉及繁瑣的法律條文、諱莫如深的申請程序，多數時候，買家只能看到一堆文件，根本不會曉得自己究竟買了什麼。這個複雜專業還需要更新的交易模式，就目前而言，實在不適合採用拍賣概念。

而將拍賣成功融入經營模式的還有MyHammer，創於2005年，從事雜工與建設方面的逆向拍賣。如同Priceline，MyHammer的顧客陳述需求，小至簡單修繕、搬遷，大至整個營建案。靠此拍賣模式，它在短短幾年便躋身雜工及建設供需雙方最大交易平台之一，經手總值估計超出1億歐元。

採用拍賣：何時？如何？

應用彈性與無限可能，使得拍賣模式充滿魅力。單純的賣東西也好，為買賣雙方打造交易平台也行──交易的也許是特殊物件，也許包羅萬象（好比eBay）。拍賣模式規模可觀，隨時服務幾百萬人不是問題，此等效應可為使用者提高利益。若能帶來透明度，拍賣即有最好發展契機；基本零件或原物料等標準化產品即絕佳範例。而若流量充沛，則拍賣也頗適於高度專業化產品。

深思題

- 我們如何擁有獨特的銷售主張，以能搶走eBay、雅虎（Yahoo!）這類大咖的顧客？
- 我們能為廠商們衝開觸及範圍（reach）嗎？
- 激烈競爭中，我們如何維持優勢？
- 如何才能快速有效地誘使更多廠商加入？
- 如何提高聲譽，保證一切交易都能完美執行？

以物易物

Barter

你投桃，我報李

類　型

在以物易物這種商業模式中，人們或企業僅憑著商品或服務相互交易（什麼？），沒有金錢往來。乍看之下與贊助相似，卻又超出其純粹促銷、財務支援的行銷性質，而更進一步參與到價值創造。谷歌以免費工商目錄來改進自家語音辨識技術，即為一例。同樣的，藥廠習於免費提供藥品給醫院及醫師，藉其對患者的臨床試驗，讓自己扮演了極有價值的仲介角色。

以物易物也可有效地為某些產品吸引更多潛在顧客（為何？），就像嬰兒食品。多數新手父母是在寶寶出生之後才首次接觸這類產品，此時，以物易物就是極好的招募手段，藉著贈送寶寶食品，讓新手爸媽認識自家品牌。

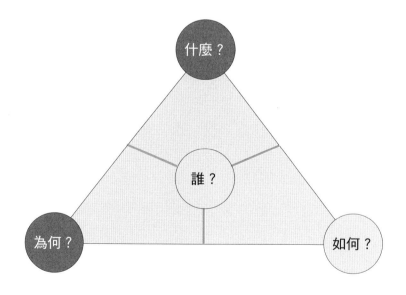

起　源

以物易物根源可溯及古代，古羅馬即常見以金錢外手段來培養特定文化與族群，很多人相信是由奧古斯都（Augustus）皇帝的謀臣梅賽納斯（Gaius Cilnius Maecenas）開始：他鼓吹「保護人」（patronage）觀念，不求回報地支持某些人或機構。不過梅賽納斯也並非毫無私心，必要時，他會利用這些對象拓展自己的政經勢力。由此，逐步發展為以物易物模式，1960年代起已是商場普遍現象，主要在支持某些組織和運動團體；到了21世紀，則完熟演化成一種營運模式，成為許多公司價值創造邏輯中的一項要素。

創新者

消費性產品巨擘寶鹼堪稱此模式最知名推手之一。這家總部坐落於美國俄亥俄州的跨國企業，產品包括個人保養、清潔用品、寵物食品。當初它聯手娛樂事業（廣播與電視）促銷自家品牌的手法，就是一種以物易物。寶鹼不僅贊助，也出資製作廣播電視節目（「肥皂劇」一詞，便在描繪這家也生產肥皂的廠商的幕後角色），寶鹼知名度大開，廣電媒體則省下巨額製作成本。以熱門的閱聽節目換取廣告時段，寶鹼成功觸及了廣大觀眾，讓消費者欣然接受其主流商品，進而為寶鹼賺進可觀盈利。時至今日，寶鹼旗下的娛樂事業群（PGE, Procter & Gamble Entertainment division）仍將此手法發揚光大。幫寶適（Pampers）是寶鹼旗下26個品牌中的一個，也非常借重此一營運模式：消費者往往在寶寶出世才開始留意到尿片這東西，寶鹼於是到各個產房免費贈送幫寶

適，大幅提高它吸收新手父母成忠實顧客的機會。

百事（PepsiCo）是美國的飲料食品企業，總部設在紐約，營收63%來自多力多滋（Doritos）、沃客（Walkers）等食品，但其飲料名氣更大，包括百事可樂、7UP、開特力（Gatorade）、激浪（Mountain Dew）。百事成為蘇聯時代境內銷售的第一個舶來品：1972年，透過一項以物易物式協議，百事可樂得在蘇聯上市，換得蘇托力（Stolichnaya）伏特加的出口權——且讓百事獲得美國市場獨家銷售權。這個策略也提高了百事可樂的曝光度，尤其在蘇聯。

德國漢莎是全球數一數二的航空公司：機隊總數870架以上，飛航包括18個德國境內及197個遍佈世界的城市。1990年代，該公司擁有紐約一大片空著的昂貴商業空間（2,000平方呎），眼看租賃到期還有好幾年，轉租進帳難以彌補不斷累積的龐大成本，漢莎想出了以物易物的好辦法——以閒置的不動產，換取廣告時間與航空燃油，單憑租金勢必造成的巨額損失因此得以順利化解。

總部設在美國科羅拉多州丹佛市的白玉蘭大酒店（Magnolia Hotels）走精品行旅路線，旗下多間旅館遍佈達拉斯、休士頓、丹佛、奧馬哈等地。它將此概念用於諸多營運功能，以住房與各公司交換平面電視、平板電腦、禮品等實體產品；它也接受無體服務，像是用廣告或營建工程換取使用某些旅館設施。這通常利用淡季進行，以免損及來自一般客人的收入。白玉蘭因此省下不少改建或重新裝潢、購買新電器的費用；而不同地點的旅館之間，也可透過這種換取資源的手法降低費用，提高獲利率。

網路更是風行以物易物，「推文買單」（Pay with a Tweet）便是極有創意之舉，充分利用社群媒體（social media）的網絡效應來行銷產品。

企業將促銷品登錄在推特的這個網站，推特用戶只要推文介紹這家公司和產品，即可獲得一份免費樣品。透過推文買單，有機會得到超過5億5000萬推特用戶的支持，無疑是藉以物易物行銷產品的線上利器。

以物易物：「推文買單」之商業模式邏輯

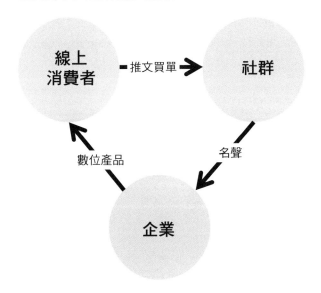

採用以物易物：何時？如何？

以物易物這個類型極適合那些擁有互補夥伴的企業。所謂夥伴，不僅包括供應商或顧客，也包括競爭對手，而且不見得必須是已經共事合作者。我們也建議你盡量天馬行空，思考極端夥伴的可能性，例如把訂閱Blacksocks與漢莎航空里程累積相結合，或訂閱Blacksocks與訂閱某報。

深思題

- 這樣的關係對彼此都有好處嗎？換言之，可為雙方帶來更多顧客，卻又不造成相互競爭？
- 有哪些產品或服務可以與我們的產品互補？
- 新夥伴可否為我們的品牌帶來外溢效果？
- 我們能以合理的成本架構達成以物易物的協議嗎？
- 企業文化是否重要？彼此的企業文化是否契合？

自動提款機
Cash Machine
利用負營運資金製造貨幣

6

類　型

　　自動提款機的營運模式,乃憑藉負現金轉換週期。如下方程式所示:企業之現金轉換週期,即現金支付與收到的時間差;更確切地說,它指出平均倉儲時間,包括原物料、在製品、製成品,與顧客及供應商的延遲付款:

現金轉換週期＝存貨轉換期間
　　　　　　　　＋應收帳款轉換期間
　　　　　　　　－應付帳款轉換期間

　　企業想拿到負現金轉換週期,就得設法在支付廠商貨款前拿到營收。消費者通常對這類型無感,而它對營運的影響卻相當深遠,由此滋

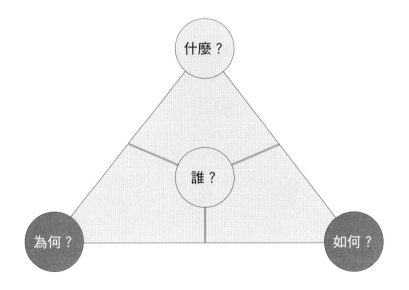

生的高流動性可做許多用途，像是償還負債或再做投資（為何？）、降低利息費用或加快成長腳步（為何？）。而在嘗試達到負現金轉換週期目標時，務必留意兩根槓桿：第一，確保能與供應廠商談到優渥的付款條件，第二，確保顧客迅速付款（如何？）。此外，接單生產（build-to-order）或極短庫存期，讓商品倉儲時間降到最低，也有助企業實現負轉換週期的理想。

起　源

　　自動提款機模式存在已久，以支票形態存在於金融業：憑一紙文件，就能要求銀行從自己帳戶提錢支付給指定對象。銀行居中扮演發票人（drawer）與收票人（payee）界面：先由發票人收得款項，等收票人前來兌現支票時再予以支付。

　　這項工具為銀行製造了負現金轉換週期，因為它在付款前已獲得收入。14 世紀初，歐洲經濟蓬勃，生意人愈來愈需要非現金的支付方式，支票開始蔚為風行。

　　旅行支票正是植基於此的一種商業模式，由美國運通（American Express, AmEx）創於 1891 年。該公司一名職員出差海外常苦於難以換到現金，遂萌生發行旅行支票此想。

　　史上第一位兌現旅行支票者叫威廉‧法格（William C. Fargo），他是美國運通創始者之一威廉‧法格（William G. Fargo）的外甥；該歷史時刻為 1891 年（與旅行支票發明同年）的 8 月 5 日，地點在德國的萊比錫（Leipzig）。

創新者

1980 年代，資訊科技業的戴爾電腦是首家採用接單訂製的企業，戴爾因此達成高度負現金轉換週期目標，發展初期靠著自動提款機模式，順利獲得成長動能。麥可・戴爾在 1984 年創辦該公司時，種子資金不過區區 1,000 美元；若得巨額投資，或面臨龐大昂貴的庫存，勢必導致破產局面。

戴爾的自動提款機模式

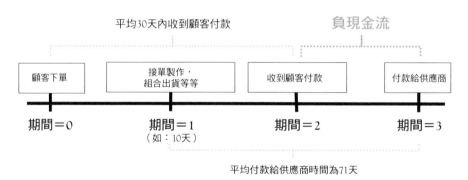

資料來源：「戴爾——變錢高手」（Dell – Der Geldjongleur），德國《商報》（*Handelsblatt*），2003 年 1 月 13 日（www.handelsblatt.com/unternehmen/management/strategie/unternehmen-mit-fettem-polster-dell-der-geldjongleur/2219312.html）

線上零售業者亞馬遜也是靈活運用自動提款機模式的高手，負現金轉換週期大致為 14 天。亞馬遜主要憑藉高速的存貨迴轉，以及面對供應夥伴的強大議價能力，總能談到極好的付款條件。換言之，亞馬遜在收到消費者款項之前，完全毋須付費給廠商。

屬於 eBay 旗下的美商 PayPal，是提供線上支付與資金移轉的平台，

服務對象包括商業與個人賣家（其中很大比例來自 eBay 拍賣網），根據付款方式、貨幣別、付款人／收款人所在國家，收取不同費用。PayPal 活用此一模式，收取貨款前端費，或讓原本沒機會處理信用卡等付款方式的個人或微型賣家拿到生意。PayPal 既可透過前端費獲得收入，也能從使用者帳戶資金賺取利息，由此不斷注入的流動性，讓 PayPal 能以更具競爭力的條件，為逐日攀升的廣大用戶提供更吸引人的服務。

採用自動提款機：何時？如何？

這種類型特別適合接單生產或與廠商談到很好付款條件的企業。它能帶來很好的流動性：及早收到顧客端的付款，很晚才須付費給供應商；這些流動資金就有很大的發揮空間。而這種情況的前提，是消費者高度認可你的商品價值，例如線上接單生產。戴爾電腦的成功祕訣，就是這種營運模式。你也可考慮結合自動提款機和訂閱模式，讓顧客付款在先，拿到商品在後。

深思題

- 我們真有辦法在收到顧客貨款後才付費給廠商嗎？
- 若要打造接單生產流程，我們能為顧客創造哪些好處？
- 我們有辦法與廠商重談合約嗎？
- 我們有辦法等到顧客付款之後才開始生產製作嗎？

交叉銷售
Cross-selling
一石二鳥，一箭雙鵰

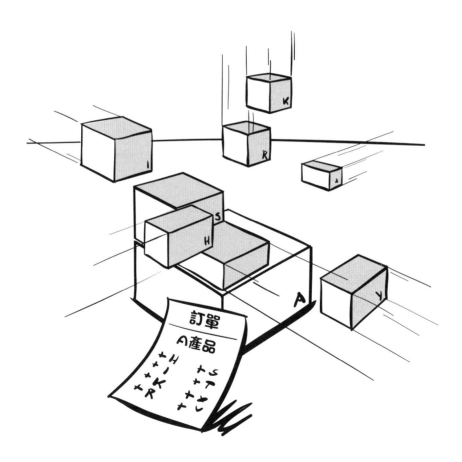

類　　型

交叉銷售是在公司主力產品之外提供互補商品，善用既有顧客以提高業績。這也能充分發揮公司的現有資源，如業務與行銷（如何？為何？）。

對消費者而言，交叉銷售的最大好處，是能透過單一管道取得更多價值，省略尋覓其他商品的心力成本（什麼？）。安全感也是重點：可以繼續和往來愉快的商家交易，毋須承受陌生賣家可能帶來的風險（什麼？）。而企業在提供額外商品的同時，千萬得做好顧客滿意，以免因小失大，核心業務跟著流失。公司整個產品組合的審慎規劃執行非常重要。

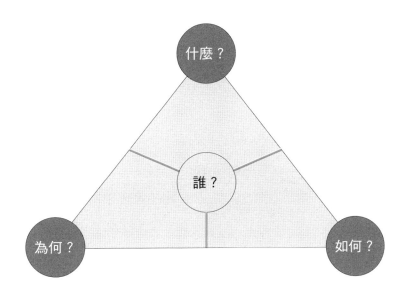

起　源

　　交叉銷售早已見於古時的中東商賈，現代範本可以皇家荷蘭殼牌（Royal Dutch Shell）石油為例。殼牌在其綿密的加油站，販賣日常雜貨等無關本業的商品；據說，最早是某個聰明的肯德基炸雞（KFC）加盟商，想到在殼牌加油站旁開店，結果立竿見影，顧客不僅上門給愛車加油，也順道餵飽自己，於是給了殼牌交叉銷售的靈感，隨即推廣至其他領域。

創新者

　　瑞典宜家穩坐全球最大家具零售業寶座，生產可自行組合的家具、電器、家中配件等。為了刺激主要的家具業績，宜家提供額外服務與產品，像是各項室內配備、家飾、店內餐廳、租車服務；透過這些交叉銷

交叉銷售模式

地點，便利性，24小時營運等等
有助銷售

石油業績　　互補性商品　　…

食品飲料等等

財務挹注

售，公司獲利大幅提高。

德國咖啡零售商與連鎖店智堡（Tchibo），也是活用交叉銷售模式的高手。這家企業最早是由卡爾‧柴林—海萊恩（Carl Tchiling-Hiryan）及馬克斯‧赫爾茲（Max Herz）於1949年在漢堡市成立，之後成功將產品線跨出咖啡，1973年更為這塊生意另外成立事業部。打著「一週一體驗」的口號，智堡旗下無數非咖啡產品祭出限時特惠價，這些項目從食譜、家用品、服飾、珠寶到保險，不一而足，為公司貢獻出五成的營收與超過八成的利潤。

智堡在德國家喻戶曉，熟悉它的人不少於九成九；這麼亮麗的品牌辨識度，交叉銷售絕對功不可沒。

採用交叉銷售：何時？如何？

當某種能滿足基本需求的低利潤簡單商品能與高利潤商品結合販賣時，交叉銷售即有很大的表現空間。消費性產品就很常見顧客因方便而順手多帶些東西的情形，加油站買吃食就是一例。B2B領域也有廣泛應用，許多極為特殊的品項可與其他東西組合銷售，例如大樓高層電梯搭配低層商用電梯及手扶梯，或電梯裝設搭配維修；這些組合往往能滿足顧客一次購足的需求。就B2B而言，交叉銷售又往往會與「解決方案供應者」模式互搭。

深思題

- 此產品能做什麼樣的組合,以滿足消費者需求?

- 就消費者看來,交叉銷售帶來的顧客價值夠高嗎?

- 從顧客角度出發,哪些產品適合搭配在一起?

- 我們有辦法為這些產品訂出合理一致的價位嗎?

- 阻止競爭對手跟進的進入障礙夠高嗎?

群眾募資
Crowdfunding
四面集款，八方融資

8

類　型

　　群眾募資這種商業模式，是把一件計畫的融資對象朝向大眾，以減低專業投資人的影響力（如何？）。第一步是做出聲明，讓眾人知道這種計畫的存在（如何？）。而所謂群眾資助者（crowdfunder），大多數為私有性質的個人或集合體，投資額度自行決定，相對獲得與計畫有關的報償：也許是由此研發出來的成品（如影音光碟），或是額外的贈品（如何？）。一般而言，這類募資屬於全拿或全無（all-or-nothing）：唯有達到最低籌資目標門檻時，計畫才可進行，以免必須半途而廢。

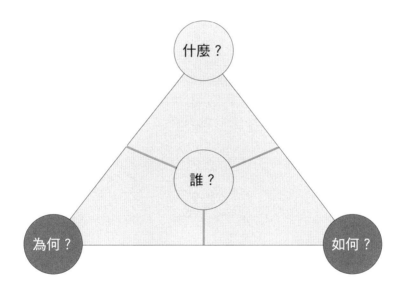

　　參與此種募資形態的大眾，不像典型金融業者斤斤計較於回收，而較在意幫助一個夢想成真。為鼓勵這樣的動機，通常會限制資助人在一項計畫上的投資額度；而在過去十年的金融危機之下，這也演變成一項

法規。對計畫發起人而言,群眾募資讓他們得以擴大投資人範圍,獲得最有利的融資條件(為何?);另一方面,及早將計畫公諸於世,無異也是一種免費宣傳,可能有助於催生產品(為何?)。

起　源

群眾募資成為一種商業模式,古時便有跡可循:諸多廟堂的建造基金便由大眾集資而來。到了今天,網路出現加上群募平台興起,更助長其聲勢。英國搖滾樂團海獅(Marillion)可謂領銜使用者之一:1997年推出最新唱片後,隸屬於一家小唱片公司的海獅沒錢進軍美國巡迴演唱,粉絲於是主動在網路發起募資為他們籌足款項。從此,這便成為海獅製作行銷其音樂的模式。

創新者

獨立製片卡薩瓦影業(Cassava Films),是首家透過線上群眾募資(部分)融資拍片的公司。創辦人馬克‧基恩斯(Mark Tapio Kines)當初沒錢為自己執導的影片《海外特派員》(*Foreign Correspondents*)完成後製,遂成立網站,邀請有意願的人挹注資金。「群眾」得以協助其認同的計畫實現,基恩斯的公司則免於仰賴大型投資者之無奈。卡薩瓦由後續發片、版稅獲得營收,投資者拿到利潤,捐款者則從投入中得到單純的滿足。

新創企業Pebble科技是另一則成功案例。Pebble於2009年在群募平台Kickstarter推出一項計畫,希望籌到10萬美元生產Pebble手錶;該款

數位計時器能透過藍牙與智慧型手機連線，使用者可直接從錶面接收電話或讀取簡訊及電子郵件。該計畫如此轟動，兩小時內便達標；最終，Pebble 募得 1000 萬美元，是原定目標的 100 倍！

　　另一個典範為非營利組織 diaspora，該組織提供不屬於任何單位的分散化（decentralized）社服網絡，免除來自任何組織、廣告商或被接收的壓力，能有效保護使用者隱私。它也在 Kickstarter 推動軟體計畫，募到了 20 萬美元（是原本目標 1 萬元的 20 倍）。來自各方捐款與販賣 T 恤收入持續帶來收入。這清楚點出，群眾募資類型可為打動人心類型的產品於創業初期帶來何等好處。

群眾募資：Kickstarter 營運模式

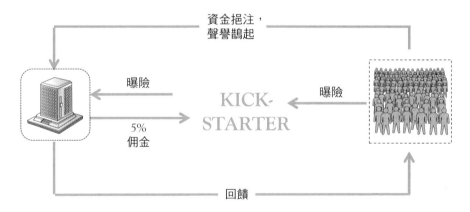

採用群眾募資：何時？如何？

　　這種類型對個人及公司都很有吸引力。首先，它提供一條零利率的融資管道；計畫發想人可藉此一窺發展潛能，並由感興趣的大眾獲得改

良的具體建言，省下打造原型或測試產品的時間金錢。如果你相信自己的點子能獲得眾人樂於掏腰包支持的肯定，試試群眾募資吧。

深思題

- 這概念是否精彩到能募集足夠資金？
- 我們是否應以金錢或類似形式回饋投資者？如何確保不抵觸相關法規？
- 如何保護我們的智慧財產？
- 是否能讓這些群眾資助者成為我們的新顧客，甚至忠實粉絲？

群眾外包
Crowdsourcing
大眾是我的外包商

類　型

　　群眾外包是將某種任務交給外部成員，而後者通常是透過公開訊息得知有此機會（如何？）。目標在擴大企業創新與知識層面，探索能開發更經濟有效的解決方案之任何可能（為何？）。外包任務包羅萬象，像是蒐集創新點子或解決特定問題。

　　群眾外包這種模式也頗適於用來挖掘顧客對未來產品的期待或偏好（為何？）。「群眾」出於外在刺激或自發動機，產生接下挑戰的興趣。有些公司會提供獎金，有些則仰賴大眾對它的忠誠度，或依靠個人被特定任務激起的雄心。

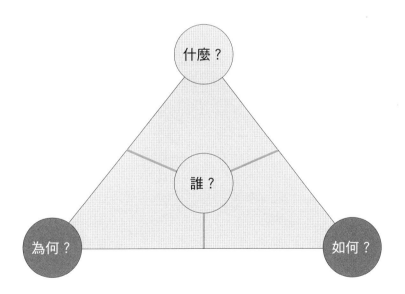

起　源

　　雖說「群眾外包」一詞是到了 2006 年才由《連線》（*Wired*）雜誌特約編輯郝傑夫（Jeff Howe）提出，這種類型實際上卻存在已久。

　　翻開歷史，1714 年的〈經度法案〉（Longitude Act）即為一例：英國政府提供 2 萬英鎊做能為船隻定位找出解決之道者的獎金；彼時，羅盤針可測知緯度，卻無法拿捏經度，航海於是充滿風險，水手要不得繞道遠洋，要不就九死一生。這筆錢直到六十年後的 1773 年才終於能夠給出，由英國的約翰・哈里森（John Harrison）以其貢獻厥偉的航海天文鐘拿下。

　　今昔對照，技術上雖相去不遠，應用上卻大異其趣。以往這些挑戰得透過口耳相傳或報章雜誌，觸及層面有限，如今都由網路宣傳，幾乎無所不及。

群眾外包：群眾外包的邏輯

創新者

近年因網路串連的突破，群眾外包獲得極大動能。Threadless這家2000年創於芝加哥的企業即以此為軸，廣邀世界各地設計師，將T恤設計放上其平台，由消費者選出最愛。Threadless生產熱門樣式，加以行銷；設計獲選或得獎的設計師則可領到獎金。藉此手法，Threadless每週可推出三、四種新款T恤，幾乎款款熱銷。

總部設在美國的思科，近25年幾乎是靠著併購其他公司、壯大創新而保持成長，且研發成果超越之前穩坐世界第一的貝爾實驗室（Bell Labs）。其擷取新點子的「開放創新」（Open Innovation）策略，便大致反映著群眾外包精神。

2007年起，思科針對年輕發明家設置「I獎」（I-Prize），邀眾人上傳創新提案與簡報，思科高層決選出第一名，授獎之外，更予以落實。冠軍可拿到十分豐厚的獎金，做為智慧財產權的代價。透過這項比賽，思科廣泛獵取全球金頭腦的創意，由成功發明及智財權源源獲得收入；相對的，頂尖發明者則名利雙收。

寶鹼是另一家運用群眾外包成功創新的企業。21世紀初，該公司發現自己深陷泥淖，營收動能停滯，研發成本狂飆，便推出「連結與開發」（Connect + Develop）計畫，並將產品研發採用外部點子的比例，從15%提高至50%。為推動這項遠大目標，寶鹼將公司9,000名研究員與世界各地150萬位科學家連成一片，互為夥伴。此一計畫讓寶鹼研究部的生產力，五年內提高了六成。

InnoCentive是美國藥廠禮來（Eli Lilly）推出的群眾外包平台，致力為各項課題找出解答，領域跨及工程、科學、商業等。碰到研發困

難的公司（「解決方案尋求者」）將其需求詳列於innoCentive網路平台上，提供獎金吸引全球回應，並換取中選項目的智慧產權。「群眾」免費獻策，多為業界翹楚。InnoCentive平均向尋求解決方案的企業收取2,000~20,000美元費用，相對也拿出高達100萬美元的獎金。此一平台讓許多公司既可省下研發預算，又可獲得世界級對策；而提出辦法者則笑納高額獎金。InnoCentive因此成為群眾外包先驅，也穩坐最大平台之一。

NineSigma是類似的平台，但以科技為主；其他還有許多專門平台，包括設計（99designs.co.uk），廉價勞工（freelancer.com），或純粹新點子（atizo.com）。更多公司也開始成立自屬平台，以吸引潛在使用者、顧客、供應商或約聘人員。

成立這種私有平台的前提是，要具備足夠的吸引力，如知名品牌或可靠商譽。

採用群眾外包：何時？如何？

任何公司在構思階段皆可採取群眾外包手法，但根據我們的經驗，缺乏想像力的公司恐怕不大適合。如果你們本來就頗有創新能力，群眾外包肯定加分；也許因此激發更大的創新潛力，也許藉著邀請消費者一起構思來強化顧客關係。這也是群眾外包一項額外福利：讓顧客更有向心力。群眾外包平台這個市場似乎遼闊無邊——愈來愈多平台供應者不斷湧入各個領域，但能保持優勢者卻寥寥無幾。

深思題

- 我們可有辦法培育一個有意願為我們提供新點子的社群？

- 我們能否把問題定義清楚，讓群眾線上回應？

- 我們是否有訂出選擇最佳點子的明確標準？

- 我們能否明確定義整個過程並清楚說明？

- 我們可有具備管理社群媒體動能的要件？像是評估流程團體動力學（group dynamics）？

做為社群外包平台供應者：

- 此特定議題真的有市場和／或社群嗎？

- 我們有辦法吸引各企業與相關群眾嗎？

- 我們仔細檢驗過獲利模式了嗎？

顧客忠誠
Customer Loyalty
以獎勵換取天長地久

10

歡迎再度光臨

歡迎再度
光臨

類　型

　　顧客忠誠模式是提供超出基本價值的產品或服務給顧客（如透過獎勵方案），以謀求顧客忠誠度，目的在與客人建立深厚關係，並以特殊優惠回饋。如此增強顧客黏著度，以降低其對競爭者的興趣，確保自家的營收。

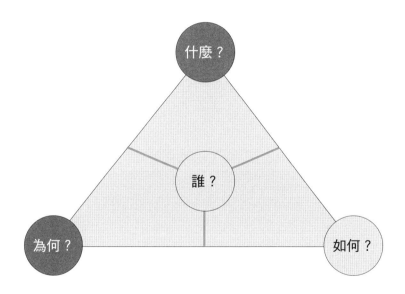

　　目前最常見的忠誠專案以會員卡為主：該卡記錄消費者每筆購買並計算紅利，紅利可換商品或未來購買折抵。以折扣價優惠忠實顧客，是希望誘使他們經常光顧（什麼？）。毫無疑義，這種辦法確能影響消費者的理性購買決策，更重要的則在於對其心理上的影響力；消費者常受到「找便宜」的本能驅使，這也是他們加入忠誠方案的主要動機。說到底，消費者頗在意這種方案帶來的好處——即便平均來講，其實只為他

們省下 1% 的消費金。

　　這為商家帶來獨一無二的營收途徑（為何？），紅利兌現是新的收入來源，因為顧客只有回到發行店家或特定合作賣場，才能有效使用，而這些點數相對也能刺激消費者額外購買，因為通常只能用來折抵某些新產品。

　　此模式還有一項優點：可以蒐集重要的顧客資訊。根據採用系統有別，但基本上能獲得相當完整的個別消費行為記錄，可作未來商品最佳配置的分析基礎（為何？），強化廣告效應，提高額外業績（見後面25「顧客資料效益極大化」）。從事電子商務的企業，甚至可將折扣直接連到顧客帳號；當消費者再度下單，該筆折扣自動生效。網路缺乏與顧客的人際互動，顧客忠誠模式更顯重要。另一則應用為現金回饋方案，與前述的忠誠辦法大致相同，唯一差別在於顧客將領到獎勵現金，而非點數或折扣。

起　源

　　顧客忠誠模式發展至今已超過兩百年。遠在18世紀尾聲的美國，商人已經懂得贈送代幣，消費者累積到一定數量，即可換取商品。19世紀時，零售業者開始分發集點券，集滿可得商品兌換券。美國的Sperry & Hutchinson公司是首波第三方提供忠誠方案的企業之一，它發行的「綠色盾牌郵票」廣被各零售通路採用，民眾凡在超市或加油站等處消費即可拿到該郵票，將其貼在專用本子，等集到一定數量，便可從綠色盾牌郵票門市或型錄兌換商品。零售業者向Sperry & Hutchinson買綠色盾牌郵票，再發給顧客，由此省下自行製作票券的成本，取得更高

營收。

這個模式深受歡迎，各方皆大歡喜，而郵票銷量無疑為Sperry & Hutchinson賺進大把鈔票。

創新者

AMR集團旗下，總部設在德州沃斯堡（Fort Worth）的美國航空公司（American Airlines），是首家祭出顧客忠誠方案的民航業者。美國航空透過其訂位系統過濾出常客名單，邀他們加入AAdvantage最佳忠誠會員計畫，每次訂位即可獲贈飛行里程，累積點數則可換得機位升等、下次訂位等優惠。忠誠顧客的不斷回流讓公司蒙受其利，此方案導入的穩定（或更高）營收，抵消了成本。美國航空AAdvantage成功吸引顧客黏著，就是仰賴顧客忠誠這種營業模式。

Payback積分卡由德國麥德龍集團（Metro A.G.）推出，使用者人數已超出2000萬人；2011年併入印度的i-mint獎勵方案，改稱Payback India。顧客每消費1分錢，其Payback帳戶便累積積分，可兌換現金，可在Payback或合夥企業網站兌換商品，也可捐做公益。Payback與合夥企業皆可由此追蹤顧客消費行為，而多數民眾顯然並不介意，Payback八成顧客同意讓業者保存個人資訊。

透過大數據分析，Payback和合夥企業得以不斷提高獲利，並藉目標行銷改善廣告效益；這些企業營收及銷量得以節節高升，顧客資料居功厥偉。

B2B也常運用顧客忠誠概念：買愈多，年終累積紅利愈多。憑此簡單策略，可省下推銷成本而提高客戶忠誠。更廣義地看，供應商生命週

期管理也常衍生更強的忠誠度，例如汽車業中一線供應商與代工廠的策略聯盟。

客戶忠誠：星空聯盟／漢莎航空之客戶忠誠計畫

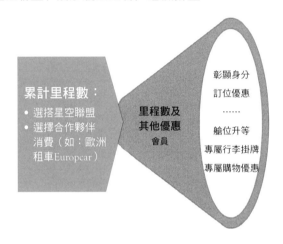

累計里程數：
- 選搭星空聯盟
- 選擇合作夥伴消費（如：歐洲租車Europcar）

里程數及其他優惠
會員

彰顯身分
訂位優惠
⋯⋯
艙位升等
專屬行李掛牌
專屬購物優惠

採用顧客忠誠：何時？如何？

此模式應用範圍廣泛，甚至已成不可或缺。企業想長治久安，幾乎都須以顧客為本。當你凡事以顧客角度出發又兼有忠誠計畫，就有了與顧客對話的橋梁，不僅提高顧客黏著度，且讓他們對你的品牌產生更大認同感。

競爭日益激烈，如何贏得新客戶及抓住既有客戶，已成為任何產業必須融會貫通的一大學問。

深思題

- 何種通路最適合用來抓住顧客,建立其忠誠度?

- 我們該怎樣與顧客溝通,效果最佳?

- 該如何與顧客交流,洞悉其需求?

- 什麼樣的回饋是顧客在乎的?

- 如何讓顧客成為我們的粉絲?

- 我們有辦法營造出職業運動隊伍與支持者之間那種關係嗎?

數位化
Digitisation
實體商品數位化

11

類　　型

　　數位化模式是把既有的商品或服務轉化為數位形態，可以去除中間媒介，減少開支，擴大鋪貨。其適用領域十分寬廣：紙本雜誌提供線上版本，影視出租店提供線上串流服務。近年蓬勃發展的高科技與社經變化，為此商業模式提供了最佳成長動能。由於自動化，虛擬商品不僅日益繁多，且更迅速可靠，相對強化了網路對商業模式的影響。確實，網路這些特性，與企業流程、商品服務幾乎都能無縫接軌。數位化不僅讓既有業務「重生」於網路，將部分商業流程與功能搬到線上（如何？），還能創造出全新產品；網路世紀前不可能誕生的東西，現在也許不費吹灰之力就能送到消費者面前（什麼？）。

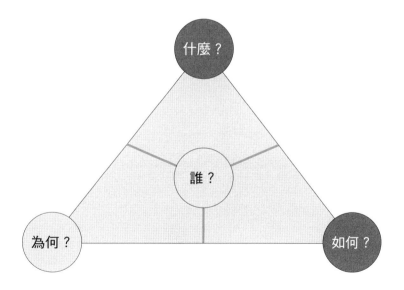

　　愈來愈多實體商品日益仰仗無體行銷，且能展現更多優點。今天我

們能購買線上音樂，且絲毫不受時空限制，這豈是不過幾年前當我們還只能聽卡帶或CD時所能想見？但這股發展卻也有其黑暗面，版權、數位版權管理議題叢生，盜版情形更是嚴重。如何保障智慧財產，還需眾人投注相當時間心力加以研究。

　　即便電子產品，也可透過數位化更上一層。消費電子產品便因互動功能獲得巨大突破，隨選視訊讓消費者任何時間都能看到想看的電視節目，甚至在此送出投票或意見。

　　數位化與別種商業模式關係密切：群眾募資也好，顧客資料效益極大化也罷，若非藉著數位化，都不可能有當前穩定獲利的局面。

起　源

　　重度仰賴當代電腦及溝通科技的數位化模式，仍屬一種新興現象；最初發展動機是將企業內部重複標準流程自動化，後來則漸漸用以滿足顧客需求。

　　剛開始，是想藉著數位化，在數字邏輯領域打造數位產品／服務；於是，1980年代銀行率先推出電子服務也就不足為奇了。當時這類服務是透過電話線使用終端界面與資料傳輸，90年代寬頻出現，使數位化急劇擴張到能服務個別消費者；再隨著圖形使用者界面、瀏覽器、加密等發展，各式各樣的網路服務也應運而生。

創新者

　　1990年代起，許多公司開始運用網路傳送商品及服務。登記在美

國北卡羅來納州教堂山（Chapel Hill）的WXYC，是全年度、全天候廣播的美國大學電台，內容除了音樂，談話性節目、針對北卡居民與學生內容、運動轉播等也無所不有。它是充分展現數位化潛力的電台先驅之一，在調頻之外也透過網路播出，成功將聽眾市場擴大至美國東北與英國。

　　目前屬於微軟旗下的Hotmail，是採用數位化模式的電郵業者先驅。它免費提供一定的電郵容量；若顧客想獲得更大容量、免除廣告干擾（見後面的「免費及付費雙級制」）等進階服務，就得另行付費。Hotmail用戶透過瀏覽器進入信箱，最近則改由POP連上第三方軟體；用戶可在線上設定通訊錄，經用戶端介面傳送儲存郵件。對微軟而言，免費提供Hotmail信箱的成本，早就被高階用戶帶來的收益抵消且足足有餘。

數位化模式

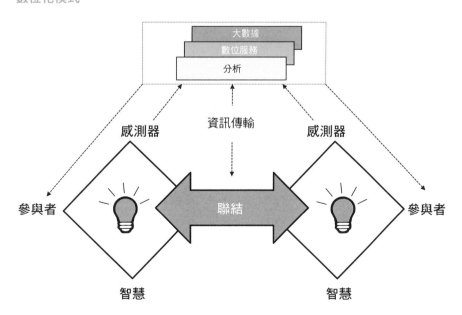

　　提供合格線上教育的美國瓊斯國際大學（Jones International University）是另一則範例。1999 年，它成為美國首間獲得認證的純線上授課大學，透過網路「遠距教學」，提供學士、碩士、博士課程。這樣的「線上學習」為居住遠處或在職進修者提供了莫大彈性。大家透過聊天室、論壇、電子郵件等線上工具討論教材；模組、作業等系列評量工具，則可幫助學生拿到學位認證。如今，哈佛與麻省理工學院等名校也提供線上課程，即便不是免費，學費也相當低廉。

　　數位化發展在銀行業也是一日千里，傳統金融業者相繼推出各式線上產品來強化整體戰力。風潮所及，專攻虛擬金融業務、沒有實體分行的全新企業應運而生，像是德國的 1822direkt、DKB、comdirect.de，澳洲的 bankdirekt.at，瑞士的 Swissquote.ch，英國的 First Direct，俄羅斯的 VTB direct bank；這類銀行多聚焦於特殊金融商品，如證券交易或某些特殊投資。數位化的好處之一是成本低，業者往往透過較高的利率讓顧客幫忙分擔。

　　推而廣之，臉書其實也就是過往一項普通物品的數位成果。所謂臉書，原指往昔畢業生名冊，如今已成全球最大社交網路，擁有超過 10 億名活躍用戶。臉書成功地把舊觀念數位化到極致，而儘管達此規模，該公司仍窮盡想像，希冀點石成金，激發用戶潛在消費能量。

　　社會對臉書這類業務開始出現抨擊聲浪，質疑其取代真實人際關係；2013 年，做為歐洲數位化先驅之一的瑞典，加入臉書人數首次出現下降。數位化仍是大勢所趨，在此同時，愈來愈多人開始尋找小而隱祕的網路平台。

採用數位化：何時？如何？

數位化是極具發展動能的商業模式，眼前只有愈來愈多應用案例。網路企業不用說，其他業者亦然，隨著物聯網（Internet of Things, IoT）時代到來，實體產品更具智慧，相互聯結，數位化勢必成為製造業者無可迴避的課題。推動這股改變勢力的，是感測器與相應網絡的劇降成本。而隨此勢力發展，則衍生出不同以往，構築於軟體之上的商機：以趨近於零的邊際成本，我們將可隨意操控機器。舉例來說，汽車或機械可根據指示自行啟動（「軟體即服務」，Software as a Service）。汽車業正積極探勘各種數位化的可能，但畢竟仍屬初期階段；過去幾十年來，虛實兩端彼此消融，幻化出無限可能，我們可以預期，未來幾乎無事不能數位化：預防性維修、智慧型庫存管理、即時物流、完全整合式供應鏈管理、建基於軟體的各項服務。未來五到十年間，數位化勢將顛覆更多產業。

深思題

- 我們的產品有哪些環節可透過軟體應用而提高價值？
- 我們是否能透過數位化，創造、獲得價值？
- 如果上述可行，那麼，應用時機？應用範圍？

直　銷
Direct Selling
跳過中間人

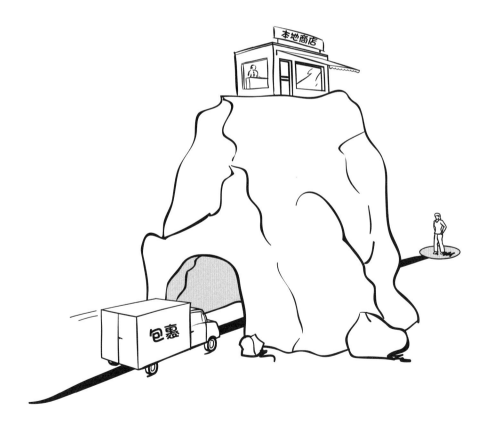

12

類　型

　　在直銷模式中，產品直接來自廠商，而非透過零售通路等中間商（如何？），企業因此省下零售利潤等成本，可以回饋給消費者（為何？）。

　　此一類型也有利於更深入的銷售體驗，幫公司了解顧客需求，改善產品及服務（什麼？）。

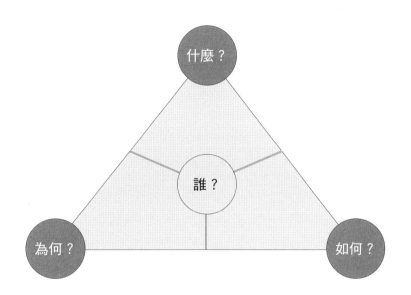

　　此外，直銷讓企業精準掌握銷售資訊，確保鋪貨模式的一致性（如何？為何？）。消費者則可享受企業提供的良好服務，這在消費者對產品發生疑義時，意義格外重大（什麼？）。

起　源

　　不用說，直銷是最古老的物流形式之一，中世紀的商賈農人幾乎都以此手法在市場街邊兜售。到了現代，出現許多改良於此的方式，衍生出各式令人叫好的創新模式。

　　特百惠（Tupperware, 母公司為Tupperware Brands Corporation）就祭出一種別於以往的直銷手法，在既有顧客或潛在客戶家中展售家用品：塑料容器、碗盤、冷藏保鮮盒等；這所謂的「特百惠派對」，由特百惠業務代表與顧問主持，主人則廣邀親友鄰居前來共襄盛舉，公司視活動規模派不同層級的業務代表前往。透過直銷，特百惠省下零售通路與廣告費用。據說，這個派對點子出自布朗妮‧懷絲（Brownie Wise, 1913-1992），住在佛羅里達州的她，1940年代末到50年代期間，經常趁著宴請親友時推銷出一堆特百惠產品。特百惠老闆厄爾‧塔珀（Earl Tupper）把她請去當業務總監，懷絲便推出「特百惠派對」一詞，一舉將此概念推廣至全美各地，而她也因此成為首位榮登美國《商業週刊》（BusinessWeek）的女性。

　　總部位在列支敦斯登，專精營建錨固系統的喜利得企業，是營建業最厲害的B2B直營商之一，公司22,000名員工，其中四分之三每天忙著負責處理客戶與銷售業務。頂尖商譽是喜利得令對手難以望其項背的優勢，「喜利得中心」（Hilti Centres）及最專業的業務顧問尤其令人稱道。前董事長麥可‧喜利得（Michael Hilti）指出，公司能持續繁榮，應歸功其直銷原則；緊靠市場固然代價不低，卻是了解客戶真正需求的有效途徑。

直銷模式

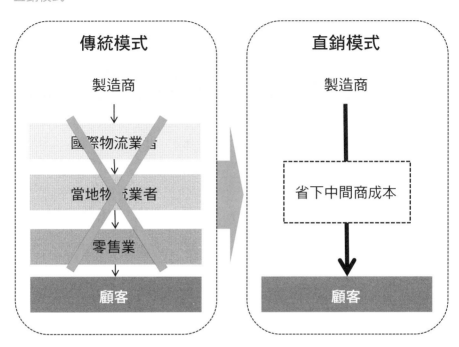

安麗（Amway）這家美國直銷企業，專精美妝、保健、家用品領域，旗下品牌包括：Artistry, Beautycycle, eSpring, Bioquest Formula以及iCook。一張由個人與分支構築的全球網，讓安麗產品觸及各地的消費者。任何人都可以加入，成為獨立事業擁有者（Independent Business Owners, 又稱直銷商），獲得直銷安麗商品的權利，並可自行招募訓練更多直銷商（後者便成為前者「下線」）。安麗提供影音光碟、線上教材、表揚大會等支援，精簡了人力資源成本；而廣大的直銷網則省下鋪貨與廣告費用，提高公司利潤。直銷商除了銷售抽佣，達到業績另有獎金，其下線亦然。

最後，來看看以直銷稱霸的個人電腦廠商戴爾。從 1984 年成立以來，戴爾只走直銷，透過電話（後來則為網路）接單；針對不同目標客戶群的廣告放上不同的電話號碼，業務員一接起電話，便知道來自哪則廣告，曉得如何滿足顧客的需求。面對靠著零售通路的競爭對手，戴爾異軍突起了好一段時期，時至今日，這項優勢逐漸褪色，它也開始將其他通路納入其商業模式之下。

採用直銷：何時？如何？

直銷發展非常成熟，它能去掉中間商，讓你跟顧客直接打交道。精確掌握整個銷售流程有兩個好處：首先，你能密切追蹤顧客動態，抓住其難測需求；第二，就內部配合而言，業務部與行銷、製造等其他部門可有最無縫的銜接。

深思題

- 我們的銷售體系該有何種規模？
- 能否激起業務員彼此間的良性競爭，祭出有效的獎勵方法？
- 怎樣的訓練才能確保業務團隊精準執行銷售步驟？
- 直接面對顧客可以如何加強我們和顧客的關係？我們必須調整哪些環節？還欠缺哪些顧客資訊？

電子商務

E-commerce

透明省錢的線上業務

13

類　型

在電子商務（簡稱電商）模式裡，傳統商品勞務透過線上通路遞送，省下經營實體分店的成本。消費者從網路搜尋，能貨比三家，節省時間與來回成本，拿到較為低廉的價格；公司將產品推到線上，跳過中間盤商、零售點及傳統亂槍打鳥式的廣告。

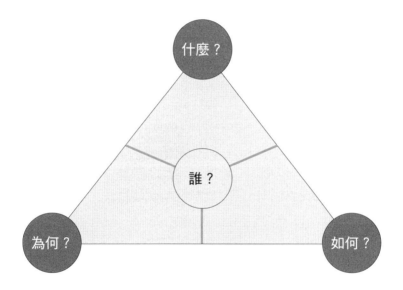

電商隨電腦普及而起，經由電子系統買賣商品勞務（如何？）。相關企業、資訊科技持續進展，電商範圍究竟如何，此刻還很難說。根據《電子商務國際期刊》（International Journal of Electronic Commerce）主編瓦德米爾‧茲瓦思（Vladimir Zwass）的看法，電商乃「藉由電訊傳播網絡，進行企業資訊分享、商業關係維繫、交易往來等事項」。而除了商品勞務的買賣，顧客服務支援也涵蓋在電商之下（什麼？如何？）。

　　與販賣實體商品對照，銷售虛擬商品最大的問題在於：消費者無法先實際感受。這項缺點必須以其他各種顯著優點蓋過（像是商品永遠沒有缺貨問題，且不受時空局限）。消費者對市場透明度的要求也愈來愈高，因此要能提供其他使用者經驗。另一方面，不用擔心太多商品會讓消費者迷失，因為他們可輕易在線上搜尋過濾。

　　電商模式影響所及，深至公司每個環節，如業務部可運用資料探勘（data mining）等分析手法，輕鬆達成銷售策略。消費者收到量身打造的廣告或推薦，企業不需投入什麼額外成本，便可觸及廣大顧客群──網路所及，沒有國界（為何？）。

　　電商並可單獨做為一條銷售通路，將數位產品的特性淋漓展現（如何？）；當消費者下載數位音樂、影片或軟體時，整個交易程序精簡整合，幾乎無需等候時間。

起　　源

　　電商存在六十多年，1948~49年間柏林封鎖時期的電子傳訊是一大推力，其後發展起來的電子數據交換（EDI）則可謂電商前身，60年代諸多產業合作打造一般電子數據標準，最初只用於採購、運輸、金融資訊，且幾乎僅限於產業之間往來，零售業、汽車、國防與重工業是幾個先行者。全球性的數據標準，則發展於70~90年代間。

　　當初的電子數據交換系統十分昂貴，使用範圍不脫企業範疇；網際網路興起後，才推波助瀾地改寫電商面貌。如今，傳統的電商通路逐步而穩定地汲取網路一切優點，也讓一般消費者充分受惠。

創新者

　　亞馬遜無疑是將電商模式發揮得最徹底的企業之一。傑夫‧貝佐斯（Jeff Bezos）在 1994 年成立這家書店，一年後透過旗下網站與電商平台賣出第一本書；相對於實體書店，亞馬遜幾乎不受物流限制，書籍銷量狂飆。隨著可觀成長及全球性的擴點，產品線也不斷拓寬。電商模式讓亞馬遜打造整合式的訂單處理及鋪貨系統，也讓在此線上平台的零售商成為這些系統的受惠者。

電子商務

亞馬遜速寫

- 1994 年由貝佐斯成立
- 2013 年業績達到 744 億 5000 萬美元
- 根據 Millward Brown Optimor 研究指數，亞馬遜為地表最有價值企業之一：品牌價值估計為 457 億 3000 萬美元
- 亞馬遜商標有個從字母 A 拉到 Z 的微笑：展現該公司將所有物品送達全球所有消費者手中之雄心
- 每一季當中，全球有 2 億 2400 萬人至少從亞馬遜網站購買一件商品

資料來源：明鏡網（Spiegel Online, www.spiegel.de/spiegel/print/d-123826489.html），亞馬遜（amazon.com）

　　英國購物網 Asos 販售時尚美妝品與自家服飾系列，提供簡潔便利的網購體驗。省下實體門市的營運成本，讓 Asos 得以低廉價格提供絕

佳顧客服務。網站的驚人效率加上全球推廣，使這家企業成功吸引一百六十多國的活躍顧客。

成立於 1999 年的 Zappos.com，是全美最大網路鞋店，其網站不僅提供各式鞋款，後又擴及服飾、運動用品、眼鏡及家用品等。如今屬於亞馬遜旗下的 Zappos，始終致力於讓顧客享受便捷的線上購物經驗，它所有商品都在自己的倉儲內，物流一手包，確保流程暢通兼且省下中間成本。電商模式帶來的物美價廉，便利的線上購買，令人窩心的顧客服務，還有快速的到貨，在在為公司帶來更多顧客與營收。

Flyeralarm 於 2002 年成立，擁有近 30 萬位顧客，成為歐洲最大印刷廠。顧客在其網站下單，產品從傳單、雜誌、辦公室文件、品牌附件到說明書，不一而足。顧客指明形式、大小、顏色、圖樣、紙質，往往 24 小時不到即可收到商品。Flyeralarm 也是一個高效電商網站的典範，印製流程自動化而省下中間成本，以快速效率及低廉價格吸引眾多的顧客。

如今許多企業的採購部門都仰賴 B2B 平台，達到過程透明、成本縮減的要求，電商也讓企業得以與夥伴更加密切，例如當工廠螺絲快用罄時，系統會自動向勞氏（Lowe's）或家得寶（Home Depot）、福士（Würth）等業者叫貨。產品愈來愈聰明，相互聯繫也愈見密切，加速了自動下單，也提高了整個效能。

採用電子商務：何時？如何？

電商和數位化一樣充滿發展潛能，它改寫了採購形態，幾乎所有 B2C 交易都可於線上進行。傳統網路行銷及交易管理的優點毋庸置疑，

電商的潛在好處還不止於此,大數據與搜尋、交易的資訊,都是寶藏。
儘管(西方)社會對資訊分享的顧慮提高,但只要有助於創造顧客價
值,資訊商業化乃無可避免的趨勢。而就專業 B2B 來說,電商無疑不斷
促進成本效益,減少交易費用。

深思題

- 採取電商模式是否能讓我們為客戶創造價值或降低成本?
- 我們能否把與顧客有關的資訊系統化、網路化?
- 網路化是可以擴大我們的銷售利基,還是反倒會消滅我們的競爭優
  勢?

體驗行銷
Experience Selling
激發感官的產品

14

類　型

　　在體驗行銷模式中，產品或勞務的價值因附加體驗而提高。以書店為例，也許藉著附設咖啡空間、辦名人簽書會及講座等，創造更美好的體驗。並非僅提供又一個無甚特色的商品於成熟市場，這種商業模式與行銷環環相扣，締造經驗印象在產品設計之外，還能讓消費者感受功能外的全體驗（什麼？）。此模式讓企業積極形塑顧客周遭環境，設法與對手產生差異化。成功的體驗行銷，讓消費者甘願掏出更多錢，並且更為忠誠（為何？）。

　　體驗行銷必須協調所有影響顧客感受的活動，包括促銷、零售點設計、業務人員、產品功能、現貨充足、商品包裝（如何？）。另外，要確保任何銷售點都能帶給顧客同樣的完美體驗。

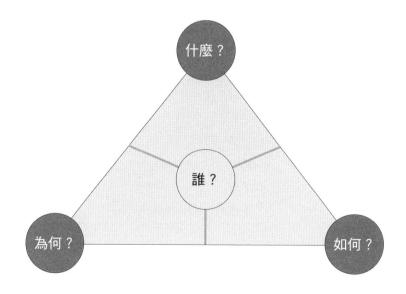

起　源

在1998年的著作《體驗經濟時代》（The Experience Economy）中，約瑟夫・派恩（B. Joseph Pine II）與詹姆斯・吉爾摩（James H. Gilmore）對體驗行銷模式有深刻的著墨，他們引申艾文・托佛勒（Alvin Toffler）出版於1970年冷戰時期的《未來的衝擊》（Future Shock），認為未來「體驗產業」的消費者，將更願意花錢在讓他們感覺愉快而非凡的事物上。

德國社會學家傑哈德・舒茲（Gerhard Schulze）1992年拋出Erlebnisgesellschaft（追求感官刺激的社會）一詞，其後，羅夫・簡森（Rolf Jensen）談及「夢想社會」，都為體驗行銷奠定了理論基礎。

成立於1903年的美國哈雷機車，徹底發揮此一概念，藉著電影《逍遙騎士》（Easy Rider, 1969），將哈雷與不羈、自由劃上等號。菲利普莫里斯國際（Phillip Morris）旗下的萬寶路（Marlboro）香菸，也藉著「萬寶路男」那名吸菸牛仔，傳達自由與冒險精神。

家具品牌Restoration Hardware是體驗行銷先行者之一。這個創立於1980年的連鎖業者，專賣融合歷史與當代的經典家具及居家飾品。消費者置身店內，即陷入其間的舒適典雅，在紛擾人世中，簡單生活的渴望油然而生。

創新者

總部設在華盛頓州西雅圖的星巴克咖啡，在62國開設有2萬多家門市。全球的星巴克都供應咖啡、酥餅甜點、茶飲、三明治與包裝食品，其咖啡則有更多「美食家」類型，像是拿鐵、冰咖啡。此外，星巴克還

提供一系列特色、產品、服務，打造出獨一無二的星巴克體驗（如：WiFi、放鬆音樂、迷人氛圍、舒適座椅）。藉著體驗行銷模式，供應咖啡之外諸多特色，星巴克備受歡迎，持續締造佳績。

　　總部位於紐約的邦諾書店（Barnes & Noble）是全美最大書店，固然也有網路商場，但它最為人稱道者，是發揮體驗行銷精神的佫大實體店面。全美數百家邦諾書店除了賣書（多數提供折扣），還有各項商品服務所構成的「全體驗」：咖啡屋、活動、作者出席、書籍朗誦等。許多門市也兼售影音光碟、電玩遊戲與禮品。

　　多虧體驗行銷，邦諾在業界獨樹一幟，跨界銷售多樣產品；消費者因這種全體驗與一站購足的方便性不斷上門，也讓這獨特的「邦諾體驗」繼續深化。

體驗行銷模式

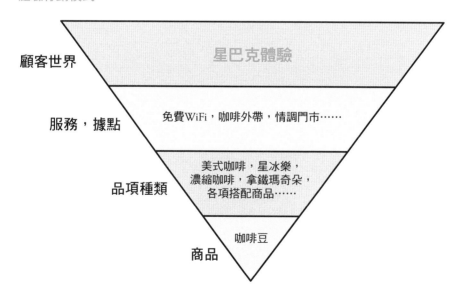

美國超市Trader Joe's總部設在加州，也是體驗行銷典範，以各項美食、有機食品、素食為消費者提供特殊的購物經驗；也有麵包、麥片等主食與用品，如家用品、寵物食品、植物。店內許多品項都擺在量身打造的陳列架，這本身就是一椿稀有的消費體驗；這些貨架常根據產區命名，如：吉歐托商行（義大利），阿拉伯的喬（中東），賈克商行（法國），各區推銷員穿著當地服飾，又是一椿特殊體驗。Trader Joe's強調環保，訴求有機，博得廣泛認同。基於成本考量，店內精選品項不超過4,000種，其中八成屬自有品牌。

另一典範為紅牛（Red Bull），這家奧地利企業創立於1987年，旗下同名機能性飲料最為知名，也是全球銷售第一。紅牛機能性飲料在全世界積極行銷，瞄準年輕男性，砸重金於極限運動等活動，如一級方程式賽車、摩托車越野賽、風浪板、極限單車、單板滑雪。紅牛更史無前例地贊助極限飛行活動，如特技演員菲利克斯・保加拿（Felix Baumgartner）的平流層縱躍，或是肥皂盒自製車競逐（boxcar races）這類特殊賽事。這些關聯性湊成一種紅牛「體驗」，鼓舞人們投身積極生活、擁抱象徵此種精神的紅牛飲料。紅牛定價高，因為消費者買的不只是單純飲料，而是整個感受。

採用體驗行銷：何時？如何？

零售業是運用此道的高手。零售商不再只賣商品，他們置身一個爭奪消費者芳心的激烈戰場，體驗行銷，正是達此目標的重要手法。讓消費者在你這兒享受全經驗，你就有機會殺出競爭重圍，與顧客建立深刻關係，讓他們願意花更多時間金錢在你這兒，而且經常上門。

深思題

- 如何為顧客打造出一種能確實反映我們品牌精神的體驗？

- 如何驅動公司上下加入體驗行銷列車？

- 如何明確定義出我們產品所提供的體驗？

- 如何打造出消費者愉悅感受，進而讓他們掏出荷包？

固定費率
Flat Rate
「吃到飽」：一個價位，無限供應

15

類　型

　　在這種商業模式中，消費者支付一筆額度後，便可盡情享用。對他們來說，花費完全掌控之下能無限使用，這是主要優點（什麼？）。另一方面，只要超出一般用量的顧客能被蜻蜓點水的客人平均掉，企業也是穩賺不賠（為何？）。在少數情況下，商家必須祭出用量限制以免超支，這固然有違使用無限原則，但不如此則無法維持獲利。

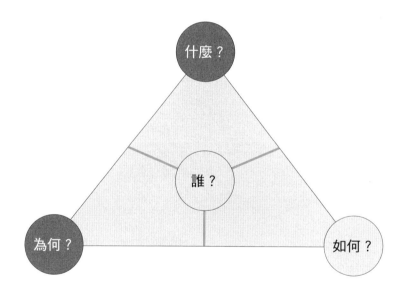

起　源

　　巴克魯自助餐（Buckaroo Buffet）從拉斯維加斯賭場發跡，是首家運用「由你吃到飽」概念的餐館，客人付一筆定額，即可無限享用食

物。一個人一餐能吃的量畢竟有限，定價便依平均算出；吃不到平均量的客人很多，那便是獲利來源。

固定費率模式究竟起於何時，我們所知有限，但它存在已久則毋庸置疑。1898年，瑞士國鐵公司瑞士聯邦鐵路（SBB）依此概念推出年度季節套票，一個世紀過去，至今依然沿用。乘客以固定費率買票（周遊券），該年度即可無限次搭車（不限時間、車種、路線）。這套手法大幅提高了火車交通魅力，輕度使用者分攤重度使用者的成本，帶來穩定可靠的收入。瑞士聯邦鐵路也因此創舉知名度大增。

1980年代，旅遊業大舉採行此種商業模式：「全包」（all-inclusive）一詞，意指涵蓋所有飲食之包裝行程。推出這項創舉的戈登・史都華（Gordon Stewart），旗下所屬牙買加Sandals Resorts度假飯店1981年開張，便是首家全包式酒店，以提高受牙買加政局不穩影響的旅人意願。時至今日，史都華因這間度假飯店，成為加勒比海最具影響力的飯店業者。

創新者

除了上述幾例，固定費率模式也在其他領域掀起可觀創舉。1990年代的電信業者便體認到此類型用在行動電話的潛力：消費者以每月固定費率，可與預定成員無限制通話。此種方案現在已成平常，然而在電信市場剛剛開放的當年，卻是業者拿來與對手區隔的重要手法。

創於1999年的Netflix是首家隨選網路串流媒體，也將固定費率模式做了精彩應用。消費者只要月付7.99美元，即可任意享受超過10萬部電影及電視節目。Netflix全球用戶之所以能超過2600萬，實因其打

造了極其成功的商業模式。Next Issue Media 正圖謀把這一套用在雜誌領域：其獨家軟體，讓顧客得以閱讀百種以上的刊物，像是《運動畫刊》（Sports Illustrated）、《時代》（Time）、《連線》。顧客不用按雜誌別付費，而是月繳9.99美元起跳。

固定費率模式

方案一：傳統定價	方案二：固定費率
通話：一分鐘$0.29 簡訊（SMS）：一則$0.19 多媒體短訊（MMS）：一則$0.39 行動上網一小時1GB (7200kbit/s)：$0.99	無限使用： • 通話 • 簡訊 • 多媒體短訊 • 行動上網
成本起伏—例如： 一月：$89.99 二月：$62.87 三月：$21.34	固定成本—例如： $59.99／月

　　瑞典商Spotify的商業模式，則混合了免費付費雙級制與固定費率：它提供來自音樂大廠包括索尼、EMI、華納（Warner Music Group）、環球（Universal Music Group）之音樂串流服務，內容受數位版權管理規範。創於2006年，2010年用戶便達1000萬之譜，其中四分之一屬月訂戶；2014年使用人數衝至2400萬，付費者超出1200萬人，為公司帶來廣告外收入。2013年，串流音樂時數約為45億個鐘點。用戶註冊登入或以臉書帳號首次登入，即啟動六個月免費試聽期，可任意聽取由廣告贊助的音樂；試聽期過後，可聆聽時間減為每月十小時，一週兩個半鐘頭（沒聽完的可延後使用）。不久的未來，這家公司很可能威脅到蘋果

iTunes的領先地位。

採用固定費率：何時？如何？

若符合下列條件至少一項，你或許適合採用此手法。首先，要具備成本效益，例如邊際成本極低的網路企業；其次，你的顧客處於邊際效用遞減，意謂他每多吃一塊餅，對下一塊的興趣隨之降低；第三，比起向顧客論件收費，向他們收取固定費率的帳單處理費用，對你更加划算。

深思題

● 我們的一般顧客仍屬獲利範圍嗎？

● 我們打算擴大市占率，冒著利潤下降的風險嗎？

● 萬一顧客濫用服務，我們有辦法自衛嗎？

● 我們檢驗過需求價格彈性了嗎？

● 我們是否想過，喪失價格差異也可能是一種潛在資產？

共同持分
Fractional Ownership
分時享用提高使用效率

16

類　型

　　在共同持分模式中，消費者僅購買部分資產，而非整體；由於只需負擔部分價格，他們遂得以買到原本無法企及的東西（什麼？）。共同持分通常依照擁有比例，決定每名持有人的使用權，一般會由一家公司專責維護，並訂定管理規則（如何？），這類公司從共同持分獲利，因為分攤後的可親價位能吸引更多顧客，而收進銀庫的總額，也較直銷能帶進的數目要大（誰？為何？）。這樣的成本分攤，就資本密集的資產而言格外有價值，因為這類商品的潛在顧客較少。

　　共同持分另一項重要優點是，資產運用效能因使用者增加而提高（什麼？）。

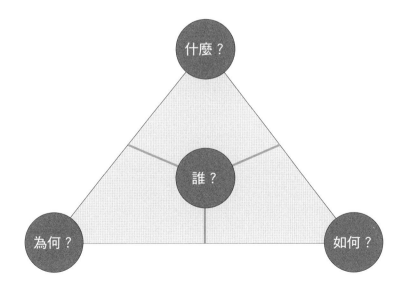

起　源

共同持分源自20世紀初的蘇俄共產主義與集體耕作，NetJets則是第一個將它用於民間私有部門的企業之一，它在1960年代建立了民航機的共同持分。顧客買下飛機持分，分配到一定的飛行時數，不限特定機型，可使用該公司遍佈全球超過800架的機隊；因此NetJets保證，顧客需要用機時，二十四小時內一定備妥，這與擁有私人飛機不相上下。這個商業模式，讓NetJets在私人航空界打造出全新的市場區隔。

共同持分模式

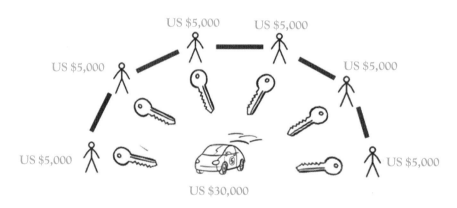

分享使用　--　分享擁有權

US $5,000　　US $5,000

US $5,000　　　　　　　　US $5,000

US $5,000　　　　　　　　US $5,000

US $30,000

共同持分成為商業模式之後，很快受到各種業態歡迎，旅遊業隨即推出「分時度假屋」：顧客買下度假公寓使用權，每年可享特定時數。瑞士的Hapimag這方面別有創意，該公司成立於1963年，如今已成全球分時度假公寓領頭羊。購買Hapimag分時權者，可使用其分佈16個國

家、56個度假飯店任何一間。Hapimag負責維護管理，相對收取年費。分時度假的誕生，創造出旅遊業最蓬勃發展的市場。

汽車共享（car sharing）是共同持分概念的另一衍生，一輛車由多名擁有者分享，使用更有效率。也因此，許多人不必買車，卻能享有私人交通工具的方便。瑞士的Mobility Carsharing是首家把共同持分用在汽車生意的公司，其核心是個人短期租賃：Mobility Carsharing在瑞士中央與地方成立多個據點，全天候服務，顧客隨時可拿到短租車。有會員卡的消費者，只要支付會費及負擔油料、保險，不用為買車的巨額費用傷神。會員持續湧入的租金，覆蓋掉公司購車投資與營運成本；自助式的運作，也降低費用提高利潤。如今，該公司成為全球最成功的汽車共享企業之一，顧客超過10萬名。

écurie25成立於2005年倫敦，這家國際超跑俱樂部，提供高檔名車共同持分。沿用NetJets的營運模式，顧客購買超跑持分，即獲得一定時間的使用權。écurie25方案深深吸引那些夢想擁有或能駕駛超跑的人，即便此樂趣僅僅曇花一現。

最後介紹的HomeBuy，是英國政府根據共同持分房地產概念所提辦法，民眾有兩種選擇：(1) 淨值貸款：政府與建商協助負擔最高達房價兩成的貸款，剩餘部分由購買人存款及抵押貸款負責；(2) 共同擁有權：購買人以產權的25~75%比例買下房屋持分，剩餘部分由某房產管理協會買下，後者再根據前者所付頭期款額度向購屋人收取租金。

在房地產價格飆漲的年代，HomeBuy透過官方補貼及建商、住屋協會的合作，讓原本負擔不起房價的民眾也能成為屋主。政府也相對提出還款辦法。購買人買下房屋持分，當房屋市值增加，購買人也按持分比例受惠；相對地，他們若想購入更多持分，也須依照當時市值計價。

租金收入以及政府補貼為這項辦法提供穩固基石，讓無力購屋的民眾有了住者有其屋的機會。

製造業也可見共同持分模式的應用。在講求規模經濟、市場不大或高度專業之處，某些機器雖不常用到卻又不可或缺，共同投資於是應運而起；缺乏既定準則可循，就靠彼此之間的互信運作了。

採用共同持分：何時？如何？

在人們樂於共享資產的領域中，共同持分很有發揮空間；隨著資產價值提高，此種商業模式也更具吸引力，飛機和房地產是極為經典的例子。你若採行這種模式，將能觸及更廣泛的顧客群，讓原本無力購買你產品的人成為新買家。

深思題

- 我們能否設計出妥善的持分辦法，讓顧客共享資產的風險降到最低？
- 拆解擁有權是否讓消費者比較能負擔我們的產品？
- 就合約與交易來說，如何拆解我們的產品使用權最好？
- 當顧客想出脫持分時，我們可有簡單可靠的退出條款？

特許加盟
Franchising
我為人人，人人為我

17

類　型

　　在特許加盟模式中，授權方將其營運模式賣給經銷商。前者藉此可快速擴張，卻免除自行負擔各種資源及風險（如何？為何？），這些皆由經銷商扛起，後者在此體系為獨立企業，承擔責任自是無可旁貸，好處是可套用成功之營運模式，直接應用各項特色（產品、商標、器具、流程）（什麼？）。

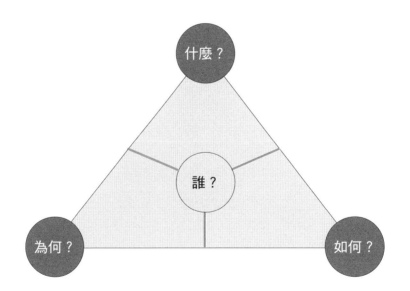

　　比起自行開發模式，這種創業風險小很多（什麼？）。經銷商受惠於授權方知識，享受開發專業、流程知識、品牌外溢效果等（什麼？如何？）。最佳情況下，此種模式創造雙贏：授權方快速擴張，經銷商分得利潤。

起　源

特許加盟源於中古時期的法國，國王准許第三方以王室之名製造特定產品；其後隨著工業時代，普及到私有經濟。1851年創立的美國縫紉機廠商勝家公司（Singer Corporation）為先驅之一：勝家授權特定地區的零售商販賣其商品，也提供財務支援；相對的，零售商得負責訓練員工使用這些縫紉機。勝家營收多了這筆特許費，版圖更擴及至不可能自行負擔的廣大地區。

速食業巨人麥當勞也是透過特許經營，使其自助餐廳走遍天下。背後的推手是雷・克洛克（Ray Kroc）這名推銷員，他說服了麥當勞兄弟理查和毛里斯（Richard and Maurice McDonald）讓他將餐廳擴及全美，幾年下來經營得極其成功，1961年，克洛克以270萬美元買下品牌使用權，將麥當勞提升為全球最大的連鎖餐廳，自己也成全美最富有的人之一。

特許加盟模式

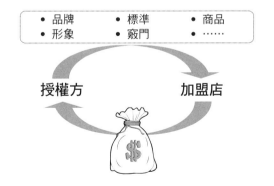

　　如今，這家餐廳遍佈 119 個國家。申請加盟成功的創業族，可獲麥當勞提供展店資訊、設備、家具，透過標準化販售完整概念，提供一致的流程與產品。做為授權方的麥當勞，由全球無數加盟店賺進加盟金，而它致力於提供價格親民的速食，降低服務人員等間接成本，吸引更多顧客，創造更大利潤。

創新者

　　這套模式於餐飲業大行其道，應用者包括 Subway、必勝客（Pizza Hut）、肯德基等知名連鎖。

　　拿 Subway 來說，這家以「潛艇堡」三明治與沙拉聞名的美國連鎖速食店遍及一百多個國家，為全球成長最快的加盟店之一，各地加盟店採用 Subway 概念，菜單可因地制宜做不同變化，總公司提供資訊、店面、支援，確保各市場有一致的品牌呈現。全球超過 3 萬家、且仍不斷成長的加盟店，持續帶給 Subway 權利金收入。其他類似的成功跨國企業，包括星巴克與 7-11。

　　旅館業也多有案例，萬豪酒店（Marriott International）就是率先運用此一模式的業者之一，這家 1993 年成立的美國企業長於經營度假酒店，在全球廣泛據點自營兼加盟；酒店以企業客戶為主，另有休閒度假設施。特許加盟模式讓萬豪得以將其品牌、概念廣被全球，它提供資訊、物業、必要援助給加盟主，確保品牌標準與服務品質。萬豪總部收取加盟金與權利金，另外，各加盟店尚需支付全國行銷專案與萬豪訂位系統的費用。加盟體系成功奠定萬豪全球龍頭旅館之一的地位，可見度達七十餘國。

Natur House是西班牙最大加盟企業之一，全球門市超過1,800家，提供消費者飲食建議、規劃與長期諮詢，並販售營養補給、健康食品、美妝保養等商品。它讓加盟主以Natur House招牌開店，提供營養、飲食方面的商品與指導，總公司則收取加盟金與年度權利金。Natur House因此知名度大開，顧客與收入也水漲船高。

另一個成功典範是霍爾希姆，全球最大水泥混凝廠之一，產品尚有預拌混凝土、瀝青等。2006年，印尼的霍爾希姆推出極具創意的加盟模式：「家庭解決方案」（Solusi Rumah）。就像專案副標Datang bawa mimpi, pulang bawa solusi（您帶著夢想前來，我們讓您帶著解決方案回去）所示，這將為印尼建商呈上一次到位的蓋屋方案，提供營造服務、建材、抵押貸款協助和／或微型貸款、營建工程及財產保險；一切服務，一間門市即可完成。這樣的門市老闆，便是霍爾希姆加盟主；他們原本也許是製造商，也許是沒有實際生產的零售通路。

「家庭解決方案」讓霍爾希姆迅速打開印尼市場，也讓加盟店因該案高品質之品牌定位，勝出當地對手一截。這項商業模式成果驚人：不出幾年，180間家庭解決方案門市陸續於爪哇、峇里島、蘇門答臘南邊展店——全是印尼人口最密島嶼。

採用特許加盟：何時？如何？

若你已建立起經營竅門或品牌強度這類重要資產，想藉其快速擴展並承擔最低風險，就可考慮採用特許加盟。

深思題

- 我們可有夠強的專業及資產，讓潛在加盟主願意照我們的規定走？
- 我們該如何以最低風險拓展業務，發揮成長力道？
- 我們是否具備相當程度的標準流程與資訊系統，以充分支援營運模式，協助合作夥伴？
- 法律和／或技術上，我們能否防範外顯技術（codified knowledge）遭到模仿？
- 我們能否防範商業模式遭模仿？
- 如何確保加盟主與我們長期合作？

免費及付費雙級制

Freemium

閣下要免費的基本款，
還是付費的尊榮版？

18

類　型

　　免費及付費雙級制的原文freemium，結合了兩個英文單字：free免費，及premium優質。意味在此模式之下，既有提供免費的基本款，也有額外付費的高檔貨（什麼？）。利用免費款吸引廣大的體驗顧客，希望之後有相當比例進階使用高檔級（為何？）。

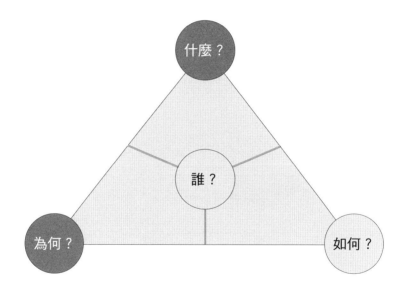

　　衡量此類型成果的重要指標，俗稱轉換率（conversion rate）：付費顧客對非付費顧客之比。該百分比會因個別模式而有不同，但往往不脫個位數。免費版要由高檔顧客補貼，絕大多數顧客又止步於免費款，免費款供應成本就必須壓得極低，甚至為零；不如此，「免費」使用者難再維繫，營運模式也難以獲利。

起　源

創投家佛萊德·威爾森（Fred Wilson）是第一個描述這種商業模式的人，他在2006年如此形容：「免費提供你的服務，不管有沒有廣告贊助；透過口碑、推薦網、自然搜尋（organic search）等行銷手段，迅速擴大顧客群，然後再提供額外付費的高檔、優化服務。」威爾森又在部落格貼文尋求這種模式的適當名稱；「freemium」雀屏中選，從此廣為人知。

此商業模式蓬勃發展，網路與勞務數位化是背後兩大助力，兩者實現了「數位經濟」，讓無數商品近乎零成本地線上再製。1990年代出現的電子郵件可謂最早現身者之一，以微軟的hotmail為例，便是提供使用者免費基本帳號，若要使用無限存量等額外服務，則另行收費。

創新者

隨著網路風起雲湧，免費及付費雙級制出現在各種品類，成立於2003年的電信業者Skype，便是藉此成功創新營運模式的企業之一。Skype提供網際協議通話技術（VoIP），全球用戶皆能透過網路撥打電話，需要的話，可另外購買點數撥打手機及市內電話。現屬微軟旗下的

免費及付費雙級制模式

Hotmail (1996)　Survey Monkey (1998)　LinkedIn (2003)　Skype (2003)　Spotify (2006)　Dropbox (2007)

Skype，號稱有超過5億的用戶，因用戶可免費通話，打擊到許多傳統業者來自市內電話及手機之通話業務。

音樂串流業者Spotify是另一個以此發展出的商業模式：免費使用者經常暴露在廣告中，而一旦升級，即可免去這類干擾。2006年創於瑞典的Spotify，問世第一年便贏得百萬多名顧客，隨即開始操作免費及付費雙級制模式，每月限制免費顧客聆聽時數，盼能驅使他們升級。

其他知名案例包括Dropbox與領英。Dropbox為用戶提供定量的免費雲端儲存空間，容量可隨月繳金額擴大。領英訂戶若購買「進階徽章」即享用進階版，在此社群的搜尋權限提高，或能匿名瀏覽其他會員的背景輪廓。

採用免費及付費雙級制：何時？如何？

此類型深受線上為主的企業歡迎，其邊際生產成本趨近於零，且享有網絡外部效益（external network effect）。根據經驗，這類公司善用此模式測試消費者對新軟體或商業模式的接受程度；若能配合足夠的「以消費者為尊」意識，此模式運作效果奇佳。

深思題

- 我們的顧客需要什麼？
- 我們如何提升顧客體驗？
- 我們可有辦法牢牢綁住顧客？
- 哪些功能可提高附加價值，讓顧客甘心掏錢購買我們的產品或服務？

從推到拉
From Push to Pull
顧客創造價值漩渦

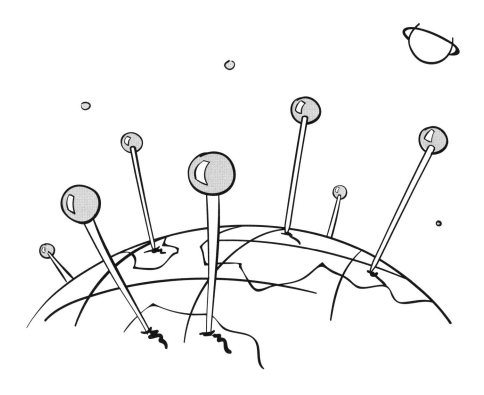

類　型

　　多數人都了解：市場主導權已由賣方轉向買方，是以有必要根據需求調整銷售方法，但，究竟怎樣的商業模式適合，仍是一大問號。「從推到拉」的核心是「顧客為尊」，企業一切決策由此出發，調查創新、新品研發、生產製造、物流鋪貨，無不如此（什麼？如何？）。

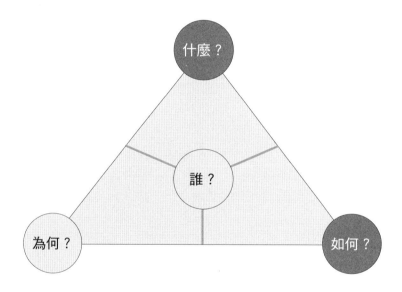

　　打個比喻，那就好比顧客拉著一條長長的繩索，公司整個流程隨之牽動，價值主張也由此決定。與推式策略的「備貨式生產」（make to stock）相反，若打算改「推」為「拉」，價值鏈必須擁有極佳彈性，能夠及時回應（如何？）；發展下去，庫存成本下滑，效益不足的環節將一一淘汰。拉的哲學，要逐步貫穿整條價值鏈。以生產流程來說，將改由分歧點（decoupling point）定奪方向，一過此點，便實施拉式策略，

由需求決定生產。換言之，分歧點即是從推到拉的分水嶺。影響所及，公司將只生產顧客想要的商品，並以最具效率的手法。

　　拉式策略也可應用至公司其他面向，像是產品研發（如何？）；開放式創新（open innovation）、按訂單設計（engineer-to-order）即兩種在研發初期便直接納入消費者意見的做法。

　　當消費者主動詢問特定商品，也可算是一種拉式策略。你可透過特殊行銷之類的手法，激起消費者主動探詢的興趣。消費性用品商便常使用這種手段，直接向大眾做廣告，促使零售通路增加進貨；反過來說，零售商會比較願意給這些商品多些陳列空間。要成功運用此種模式，務必仔細檢驗價值鏈的每個環節，建立與顧客直接對話的最佳點，以激發他們對商品產生興趣。

起　源

　　「推」「拉」之說，源自物流業與供應鏈管理，豐田幾乎已成拉式策略用於生產及物流的同義詞。二次大戰結束，它發展出一套日後使它竄升為世界頂尖車廠的生產系統，當時日本經濟疲弱，內需不振，資源嚴重不足，製造商無不致力提升效率，降低成本。豐田生產系統（Toyota Production System, TPS）借用超市以需求決定生產的模式，把庫存將至最低。推出這套系統後，整個價值鏈也隨之調整，減低了浪費與成本，焦距更明確擺在客戶身上。這樣以顧客為主的生產體系，又稱全面品質管理（total quality management, TQM），涵蓋幾項重要策略如：及時生產（just-in-time, JIT）、組裝時間極小化、以看板（kanban）物流減少庫存；因此豐田能迅速回應瞬息萬變的顧客口味及市場狀況。由於生產完

全跟著訂單走,每道步驟直接繫於前一道,換言之,整個流程由顧客訂單啟動。除了減低庫存成本,也避免產能過剩,資金可以做更有效的運用。這套生產體系如此成功,至今仍深受推崇。

　　豐田這個揉合諸多手段與方法的模式,仍不斷影響後來的企業,例如博世──甚至連系統名稱也只差一字(博世生產系統,BPS)──或更後來的BMW。

從推到拉:豐田生產系統概念

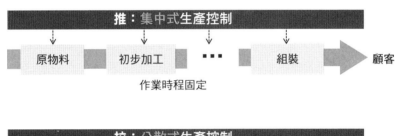

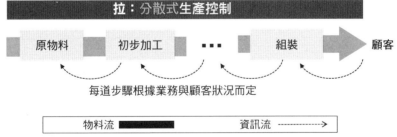

創新者

　　總部設在瑞士的跨國衛浴企業吉博力,1874年成立後,始終仰賴批發商及五金行業務。1990年代末,它面臨嚴峻挑戰,多數商品幾無創

新突破空間，需求停滯，造成降價壓力。2000年，它終於成功掙脫業界主流思維，不再一味依靠中間商，打造出全新商業模式。吉博力開始建立與顧客直接往來的管道，致力去中間商化，換言之，即打造一種從推到拉的模式。它同時也意識到一點：五金行、大盤商、甚至衛浴設施的終端消費者，其實都不是它的客戶；它要瞄準的，是營建業的決策者──建築師、建商、水管業者。此一改變大幅減輕了中間物流的比重。此外，它採用許多工具來蒐集客戶意見，將其融入新品研發；手法包括免費訓練、顧客支援管理、軟體支援，以致裝配階段與客戶更加密切的互動。這種以去中間商為主軸的模式，讓吉博力整個脫胎換骨，從昔日的「推」產品到五金行架上，如今反由優質客戶來主動「拉」貨。

西班牙時尚業者Zara是此一模式的大力擁護者。Zara通路包括自己的店面與網路，其快速推出最新流行服飾的能力最為人津津樂道。Zara雇有兩百多位設計師及遍佈全球的流行觀察家，隨時掌握時尚趨勢，及時推出最新系列，由自家工廠生產製作，第一時間鋪貨到各家門市及網站商城。Zara門市多設在城市中心，不僅吸引大量過路客，櫥窗做為現成展示台，更為公司省下大筆廣告預算。事實上，班尼頓（Benetton）更早便把這個模式帶到時尚圈，但Zara以精準到位的執行，才真正讓它一砲而紅。靠這個以客為尊的完美手法，2006年，Zara從對手H&M(Mennes & Mauritz)手中，奪下全球第一大時尚零售商寶座。

採用從推到拉：何時？如何？

此一模式將挑戰你整個價值鏈，消除浪費。無論何種產業，都適合採用這種以顧客為中心的手法。若生產品項有限，銷售平穩，倉儲成本

高，那麼，最佳應用效應會出現在價值鏈前端的生產及物流。

深思題

- 我們的生產、物流體系需要更有彈性嗎？

- 我們目前可有過多庫存？

- 我們有辦法在每個環節都把顧客放在第一位嗎？

- 我們的供應商能配合及時生產嗎？

- 供應商有能力應付「拉式」生產嗎？

- 這個模式能讓我們更有彈性嗎？

- 應從價值鏈哪個環節開始著手？

- 中央集權規劃是否限制了我們的發展？

供應保證
Guaranteed Availability
一定讓你拿到貨

20

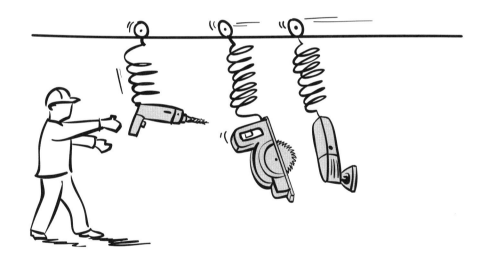

類　型

供應保證模式的主要目標，是藉著幾乎零停工期（zero downtime）的承諾，以減低設施故障引發的成本（什麼？）。通常以一紙固定費率的合約，保證將傾全力讓顧客「拿到貨」，一般是指機械設施的替換，往往也涉及維修服務（如何？）。這種穩定性讓顧客非常安心，也讓企業得以與其建立長久關係（為何？）。

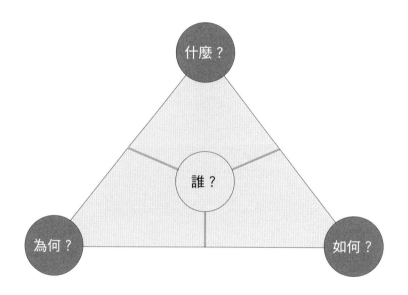

起　源

此模式起於何時很難說，存在已久應不會錯。古時候的中國，人們請醫師主要是為了保健，不是治病；所謂名醫，根據的是他手中顧著的

健康人數。中國有種說法：「名醫保健，良醫防病，庸醫治病。」這種供應保證模式透過車隊管理概念，逐漸受到民間經濟的歡迎；所謂車隊管理，指的是卡車、汽車、商船、火車整個隊伍的規劃、管理及統籌。美國PHH集團是採用車隊管理的先驅之一，它根據供應保證模式，提供58萬部車輛的租賃及車隊管理。PHH為客戶管理整個車隊的方式是，客戶隨時可拿到指定數量，而車輛之取得、融資、維護、安全、保險、保全、追蹤調度，都由PHH負責。PHH集團車隊管理經驗豐富，價格頗具競爭力，很快吸引了不少客戶，營收節節高升。隨時能調到車，又可把龐大車隊外包給專業處理，這概念深受客戶歡迎。如今，車隊管理已成為運輸物流業的必要環節。

創新者

近年許多企業也都採用供應保證手法。生產電腦硬體的美國大廠IBM，專擅資訊科技發明與企業創新，在傳播科技領域提供無數產品服務。1990年代，電腦價格快速滑落使它面臨財務危機，1992年，損失達到歷史頂點的81億美元。為尋生機，當時執行長路‧葛斯納（Lou Gerstner）決定帶領公司從製造商轉型，成為提供解決方案的服務業。這意味著放棄硬體生意，轉而提供保證式的解決方案。IBM開始替銀行等大機構，負責維護電腦設備。這項轉型，讓IBM在高度競爭的電腦市場獲得獨立與空間，如今再度成為高獲利企業，硬體銷售僅占總營收兩成。

總部位於列支敦士登的喜利得是另一個典範。十多年前，喜利得針對鑿岩機推出車隊管理方案：喜利得負責管理客戶全套工具，一切維修

全包；任何工具損壞，喜利得立刻修好或更換。這對客戶自然充滿吸引力，營建業最怕停工，有了這種保證，至少可將工具故障造成的停工機率降到最低。

美國 MachineryLink 提供農耕機具（如：聯合收割機）與獨家資料租賃辦法。承租機具的客戶可進入 FarmLink 資料庫，掌握天氣、市場價格及趨勢、穀物狀況等相關即時資訊。而透過機具租賃，顧客可把購買資金轉用於其他業務。種種好處吸引更多顧客與營收。懂得活用供應保證概念，讓 MachineryLink 晉身全美最大收割機供應商之一。

瑞士 ABB Turbo Systems 母公司為總部設在蘇黎世的 ABB 集團，主要業務是為全球客戶負責渦輪增壓器的調度維修。該公司 2 萬具增壓器（像是：動力船、發電站、火車頭）的客戶，都有權使用其二十四小時提供、效率驚人的全球服務網，一百多個服務站，經電腦網絡連到位於德國巴登（Baden）的總部。ABB Turbo Systems 縝密規劃一切必要維

供應保證模式

迅達電梯	**範例** **供應保證**：95% • **成本控制**：每月使用費已概括電梯維修，故無額外成本 • 合約規定迅達固定維修檢測，保障運作可靠 • 萬一電梯故障，迅達負責修復與停工成本

護，確保客戶總能拿到切合所需的產品、零件。客戶將維修外包，則省下巨額費用。

客戶向電梯業者——如奧的斯（Otis）、三菱電機（Mitsubishi）、迅達——購買全套服務契約，可得到電梯系統正常運作一定比例的保障。這對辦公大樓極其重要，以芝加哥威利斯大廈（Willis Tower, 昔日之西爾斯大廈Sears Tower）來說，每日迎接 12,000 名上班族的建物萬一電梯出狀況，一週成本可達數百萬美元。這種商業模式提供的保障，顧客（高枕無憂）及電梯業者（多了賺頭）無不竭誠歡迎。

採用供應保證：何時？如何？

如果停工或當機對你所處行業是不可承受之重，你不妨考慮這種模式；B2B更是格外適合。上述兩點若都符合，你可藉此模式贏得大客戶的長期合約，並可制定利潤豐厚的價格。掌握此種模式的前提是，要能洞悉顧客面臨的潛藏危機。

深思題

- 我們有能力採行這套模式嗎？能夠隨時有充分存貨或多餘設備以應付客戶機動性的需求嗎？
- 我們如何將技術性產品故障風險降至最低？
- 如何加快維修作業？
- 我們要怎樣訂定產品故障導致停工損失的賠償？
- 萬一我們無法做到承諾，可有辦法承擔可能面臨的財務與商譽危機？

隱性營收
Hidden Revenue
尋找替代資源

類　型

隱性營收模式揚棄了業績全憑商品出售的邏輯，改靠第三方資金挹注，提供低價甚至免費的產品吸引顧客（什麼？如何？為何？）。最常見即在商品中夾帶廣告，讓顧客因此注意到這些廣告主（誰？）。

這種模式最大的好處在於，它引出另一條財源，讓商家甚至根本毋須仰仗商品銷售業績（什麼？為何？）。從廣告融資，也有助價值定位；當顧客發現他們可因此拿到折扣，多半都不介意看看幾則廣告（什麼？）。

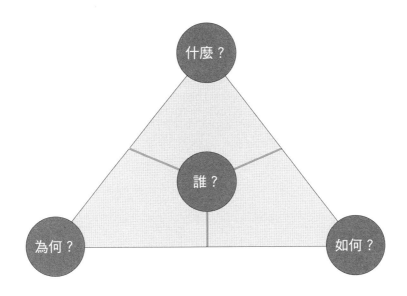

起　源

　　儘管古埃及看似已有搭廣告做生意之實，真正將此做為營收主流，仍屬近代演變。最初大約出現在 17 世紀，隨印刷技術而起的所謂新聞簡報（bulletin），大致內容不脫公共訊息、法院公聽會時間表、訃聞，以及付費的民間商業廣告。廣告資金幾乎一手撐起這類新聞報的營運。演變至今，即成為家家戶戶信箱經常收到的印刷廣告。

創新者

　　漸漸地，靠廣告做生意有了各種創舉，1964 年成立的 JCDecaux 便是一例。它以公共「街頭家具」打造充滿新意的廣告系統，這些家具包括公車站、自助單車、電子告示板、自動公廁，以及報攤。JCDecaux 免費或低價提供這類「街頭家具」給市府與大眾運輸業者，換取獨家廣告代理權。廣告主付錢給 JCDecaux 購買最佳位置與移動媒體，市府得到低廉或免費的公共服務與創新的廣告設計，JCDecaux 則扮演居中橋梁。以 Cyclocity 來說，民眾租借費又是一筆收入；這個自助單車系統為市區帶來滿意的使用大眾與改善的交通，而當地企業也獲得更有效的廣告運作。隱性營收模式為 JCDecaux 創造超過 20 億歐元年收，成為全球最大戶外廣告公司。

　　由此發展出的另一個成功典範是免費日報。這種全靠廣告支撐的報紙，流量往往極為可觀，相對保障了廣告收入。媒體企業都市國際集團（Metro International）是此中翹楚，其同名免費報流量全球數一數二。首份都市報是 1995 年發行於斯德哥爾摩，現在有二十餘國，每週讀者

人數約在 3500 萬之譜。

　　Zattoo 的網路行動應用軟體則將此模式延伸到網路電視。它透過線上串連技術，讓用戶免費觀看許多電視頻道，營運資金來自廣告。廣告以橫幅及點選影片呈現，廣告製作出自廣告主，Zattoo 只須安排播放時間。這項免費服務吸引了大批閱聽眾，讓 Zattoo 成為歐洲第一線上電視直播業者。

隱性營收模式

JCDecaux
(1964)

都市報
(1995)

Last.fm
(2002)

臉書
(2004)

YouTube
(2006)

Slide-
Share
(2006)

推特
(2006)

Zattoo
(2006)

　　「目標式廣告」（targeted advertising）是隱性營收模式配合網路衍生的版本：廣告針對特殊族群調整，避免無謂覆蓋，更能有效溝通。谷歌可謂此中高手，1998 年成立時純粹做為搜尋引擎，如今谷歌更以各項免費服務雄踞市場：網路搜尋引擎，個人行事曆，電子信箱，地圖，以至雲端運算及種種軟體。這一切，也使得谷歌成為線上廣告最大媒體之一。谷歌藉著 AdWords 廣告收入繼續提供各項免費服務，商家在此購買的目標式廣告，將隨著用戶在谷歌鍵入之搜尋項目出現，谷歌按照每千人印象成本（即廣告出現次數）或每次點擊成本（用戶點擊該廣告次數）收取費用。此舉讓谷歌吸引更多顧客，創造驚人的廣告收入。這個模式為谷歌每年帶來數十億美元營收，在線上廣告市場擁有六成以上的市占率。

採用隱性營收：何時？如何？

在此新經濟之初，這項模式的潛力一直被過度看好，太多被高估市值的新創公司一一失敗收場。這個問題持續存在，臉書以160億美元的天價購買WhatsApp簡訊服務即為一例。人們開始有所提防，德國民眾便格外憂慮敏感資訊遭到濫用。WhatsApp遭臉書併購消息一出，每三名用戶中即有一人開始考慮退出。另一方面，此種模式在廣告與顧客資訊交易上仍深受歡迎。

深思題

- 我們可有辦法將顧客與收入來源分開？
- 我們能否用其他手段展現資產的商業價值？
- 若採用隱性營收模式，我們能否維持既有顧客與業務關係？

要素品牌
Ingredient Branding
品牌中另藏品牌

22

類　型

　　要素品牌模式所包裝行銷的產品，只能做為另一項產品的要素；換句話說，這個要素產品本身不單獨販售，行銷上卻是最終成品一項重要特色。消費者看到的最終成品，便是「品牌中另藏品牌」（如何？）。生產這類要素品的廠商，著重強調其品牌功能，以吸引終端用戶；成功的品牌認知，賦予該廠商面對成品製造商的談判優勢，減低自己被其他要素廠替代的風險。

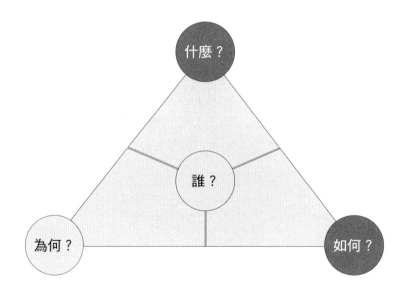

　　理想上，這將帶來雙贏局面：具備要素品的優點，該成品在消費者眼中將更具魅力（什麼？）。要能成功施展這項原則，要素品必須位居成品的核心功能，且遙遙領先競爭對手，否則難以讓顧客認可這項要素之不可或缺。

起　源

　　20世紀中葉起，眾家老闆便開始採用這套戰略，化工業尤其了解其價值。美國化工企業杜邦（DuPont de Nemours）成立於1802年，研發出俗稱鐵氟龍（Teflon）的聚四氟乙烯。基於其本身低摩擦係數及絕緣特性，鐵氟龍這項合成物用途極廣，杜邦成功為它塑造出實用、高品質的形象，讓任何採用鐵氟龍成分的成品更能夠吸引消費者。經典範例便是鐵氟龍不沾鍋，生產鍋具的廠商與杜邦同時受惠，儘管杜邦根本不製造鍋子。目前貼有鐵氟龍的鍋具比比皆是，其品牌辨識度穩居98%。

　　另一家先驅是美國晶片大廠英特爾（Intel）。1990年代，該公司推出「內建英特爾」（Intel Inside）活動以提高品牌認知。個人電腦廠商同意廣告中點出內建英特爾處理器，英特爾則分攤廣告費用。與此同時，英特爾自己也打出幾支廣告，增強消費者對處理器重要性的意識。該策略成功導致最終使用者的英特爾需求，使它晉身微處理器世界第一品牌，品牌諮詢公司Interbrand把這家成立僅二十餘年的企業放入全球十大最有價值品牌之列。

創新者

　　過去幾年，有許多原件供應商以要素品牌模式強化其品牌意識。創於1958年，總部設在美國的戈爾公司，即因此讓Gore-Tex薄膜一砲而紅。Gore-Tex非常透氣，防風防水，1976年進入市場；但雖是革命性產品，當時消費者卻還未能理解其優點。戈爾公司秉持要素品牌戰略，大舉推廣，化薄膜為金雞。此後戈爾與至少85家知名成衣廠合作，包括

要素品牌模式

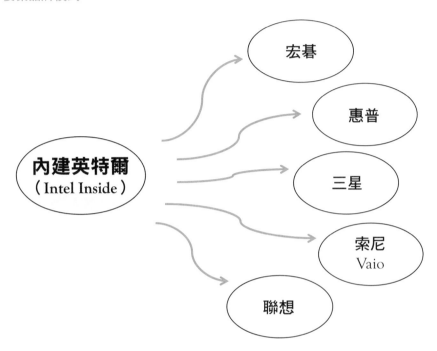

愛迪達（Adidas）、耐吉（Nike）的系列服飾，都貼有Gore-Tex標章。

　　另一個成功典範是禧瑪諾（Shimano）。這家創於1921年的日本跨國企業，其自行車零件在某些區隔市場穩坐至少八成的占有率。很長一段時間，消費者認為變速腳踏車太貴又太複雜，因此單車換檔業沒人能成功建立天下。禧瑪諾體認到要素品牌對自行車零件市場的潛能，成功打造出響亮名號。尾隨禧瑪諾之後藉此成功者，尚有摩托車排氣管廠Remus。

　　CEWE嘗試在它為其他品牌（由批發商或超市掛名）製作的照片寫真書上打著「CEWE印製」（CEWE inside）的字樣，該項業務雖有顯

著成長，卻畢竟是在為了滿足B2B客戶（批發商）而犧牲了發展自有品牌。

總部位於德國的電子工程跨國企業博世，是全球最大的汽車零件供應商之一，也是將此理念導入汽車業的創新者。博世的品質精良眾所皆知，創新能力一流，如防止汽車打滑的電子穩定系統（Electronic Stability Program）。如此聲名引來諸多車廠客戶，除了使用博世的零件於製造流程，也特別凸顯博世品牌於成品行銷。博世無須涉足汽車製造，輕鬆笑納更多車廠訂單。發展中國家有些車廠，如印度塔塔集團（Tata），已在廣告中強調「內裝博世」（Bosch inside）。這類促銷，在在證明博世用此策略之成功。

採用要素品牌：何時？如何？

品牌知名度高、品質精良的產品，很適合這種模式。而若該要素與成品彼此相輔相成，成功機率更大。

深思題

- 我們如何避免要素品牌的光芒讓成品相形失色？
- 我們如何防止對手生產一模一樣的要素產品，導致我們失去利基？
- 我們如何與組裝代工廠明確區隔？

整合者
Integrator
一環緊扣一環

23

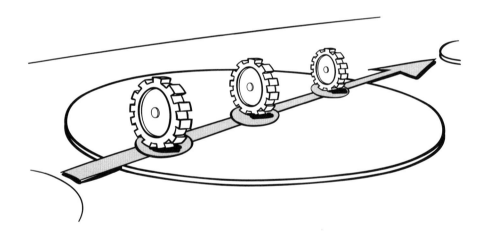

類　型

　　在整合者模式中，企業控制整個或大多數供應鏈（如何？），像是從生產流程的搜尋原物料到製造再到物流。公司擁有這樣的掌控，規模經濟與效率可明顯提升，避免經由其他供應商帶來的延宕，成本可以縮減（如何？）。再者，公司的價值鏈可針對產業需求及流程，從而降低交易成本（為何？），進而自兩方面獲益：更有效的價值創造（如：運輸時間縮短或中間產品配合靈活）；更機動快速的市場反應（如何？為何？）。

　　整合模式的缺點，則是無法處理特殊產品，而那可外包給專門供應商（如何？）。

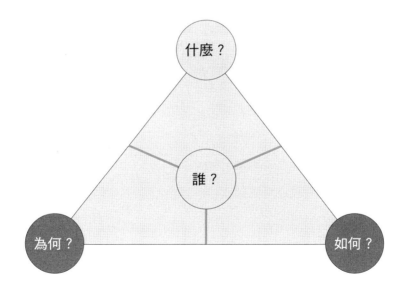

起　源

　　整合者模式起於19世紀初工業化時期，第一波大型國際企業興起之際。這些企業採取整合，主要是為擴大市場勢力，鞏固重要資源及物流通路。美國卡內基鋼鐵公司（Carnegie Steel）即為早期一例，這家由安德魯‧卡內基（Andrew Carnegie）於1870年創立的企業，因充分掌握重要鐵礦與整個產業的價值鏈，而成為世界第二大煉鋼廠。它除了買下生產不可或缺的煤礦及鎔爐，甚至還建造整個專屬鐵路網來壯大公司營運。1901年，同樣有著高度垂直整合之價值鏈的美國鋼鐵公司（United States Steel Corporation），以4億美（約合2014年的100~110億美元）吃下卡內基鋼鐵公司，晉身全球市場領頭羊。

創新者

　　此模式隨後普及至其他產業，石油業許多公司便不僅擁有油田及鑽油平台，也擁有煉油廠，甚至加油站。跨國企業艾克森美孚（Exxon Mobil）便展現高度整合的價值鏈，這家成立於1999年的石油天然氣公司，從生產石油到處理、精煉，無一不包；除了供應石油與天然氣，它旗下上有數百家子公司，像是：埃索（Esso）、海河海事公司（SeaRiver Maritime）、帝國石油公司（Imperial Oil Ltd），整體營收世界第一。

　　福特汽車（Ford Motor）將整合用於汽車業，20世紀初，福特就開始自己生產許多之前外包的零件，以期有效提高產能，它收購了一間鋼鐵廠，把鋼鐵生產直接整合進來。

　　另一個汽車界整合典範是比亞迪（BYD, Build Your Dreams打造你的

夢想）。這家中國汽車製造廠成立於2003年，主要市場為中國內需，但也出口至其他地區，包括：巴林王國、非洲、南美洲、多明尼加共和國等。所產汽車涵蓋中小型：小型汽車、多功能休旅車、轎車、油電混合車，還有電動車。製造汽車的每樣重要零件，比亞迪都有生產，這使它加速創新，提高效能，成為中國最大汽車製造商之一。

西班牙快速時尚公司Zara也是採取整合手法。不像多數同業對手把生產外包給亞洲等新興市場的供應商，Zara自行設計並負責幾乎所有生產，其自有工廠設於西班牙及其他歐洲國家，這讓它能快速應付瞬息萬變的時尚品味：從草圖到櫥窗，Zara兩週內就可推出全新系列。那些生產線遠在中國的對手儘管成本較低，速度卻緩不濟急：光是船運把貨送到世界各點，就要花上幾個星期。相對地，若市場對某系列反應不佳，Zara可立即調整甚至乾脆停產。這種模式使Zara成為時尚界最具新意也最成功的企業之一。

整合者模式

完好的垂直整合讓價值鏈每個環節緊密扣合。Zara之所以能即時呼應市場趨勢與顧客需求，正因其價值鏈末梢（**販售**）能夠直接回報前端（**設計**）；而工廠（**生產**）之必要調整也能內部直接處理。所以Zara週轉速度極快。

　　機械工業中，西方頂尖企業也朝著整合方向努力，好順應客戶尋覓單一供應商的需求。但並非有志者都能應付這種類型衍生的複雜性：規模經濟縮減，產品項目暴增，供應商擴充。

　　福士是全球連接配件貿易商，經手項目包括：扣件、螺絲及相關零組件、定位銷、化學用品、家具建築配件、工具、機器、安裝材料、汽車五金、存貨管理、存儲與檢索系統。舉凡零售商能想到的產品，大概都能從福士 12 萬種存貨中找到。而在業務部門外，其研發能力也強，2007 年就拿到六十多項專利。目前福士 B2B 客戶數超過 300 萬。

採用整合者：何時？如何？

　　此類型瞄準下游價值鏈，具備兩項優點：利潤率高，更抓得住整個價值鏈。顧客對一站購足的需求日增，也許你也該跟隨 3M 的腳步，整合不同供應商創造你的產品。但別忘了：想成功整合，知識必須廣博，而代價則是失去深度及特殊性。

深思題

- 垂直整合能讓我們利潤更高、企業更永續嗎？
- 整合其他業務，能讓我們在複雜性管理、資訊系統、技術能力方面更上一層嗎？
- 整合帶來的好處，是否足以彌補特殊性的喪失？

獨門玩家
Layer Player
得利自專業技能

24

類　型

　　採用這種模式的公司，往往只聚焦價值鏈的一小部分（如何？），服務幾種產業裡的幾個市場區隔（什麼？）；一般來說，它的客戶會是「指揮家」——擅長拆解價值鏈，把多數活動外包給專業包商。獨門玩家企業的強項是效能高，專業技能與智慧財產豐沛，有辦法影響其專業領域通行準則（如何？）。

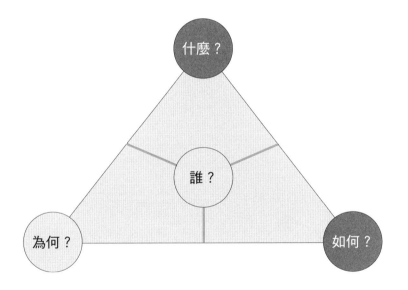

　　這種模式僅聚焦於產業價值鏈的特定環節，努力擴大規模經濟，藉專業能力謀利。這類公司常能跨足其他領域，好比亞馬遜最初只賣書，後來則賣起影音光碟與各式商品。

起　源

　　1970 年代，許多產業開始設法提高效能及成本優勢，導致全面性的價值鏈精簡（更多資訊可參考 34「指揮家」模式），勞工也做出新的調整。種種發展，產生印度的資訊服務公司，像是專精 IT 外包及相關諮詢的威普羅科技（Wipro Technologies），目前是印度第三大資訊科技企業，著重客戶應對流程，為業界客戶提供專門 IT 方案。

創新者

　　此種模式在其他領域也有精彩發揮，總部設在美國的 TRUSTe 即是一例，它專精資訊隱私權管理，建立隱私權標章制度，發給客戶認證，提高其網站可信度；它還提供相關服務，諸如：聲譽管理、供應商評等、資訊隱私權爭議。做為線上資訊隱私權保護領導者，TRUSTe 的客戶名單包括臉書、微軟、蘋果、IBM 及 eBay。

　　另一個成功典範是總部設在盧森堡的 Dennemeyer，它專攻智慧財產權的管理與保障，提供法律諮商、軟體解決方案、顧問、資產組合管理等等的服務，吸引大企業將這些業務整個外包過來。乍看之下，Dennemeyer 似乎項目不少，實際上這些都與智財管理息息相關，互為表裡。其數千名客戶遍佈全球，縱橫各個產業。

　　eBay 旗下的 PayPal 更是此中高手，它鎖定線上付款，提供多種服務，廣為電商與各行各業所用。據估計，它為母公司 eBay 貢獻了一半營收。

獨門玩家模式

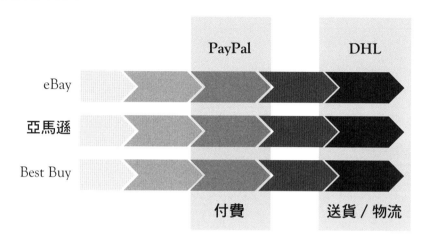

下一波獨門玩家預計將出現在金融業，當中某些領域標準未明、分工有限。這批新玩家的客戶，通常會是有高度垂直整合企業在其中的成熟產業。

採用獨門玩家：何時？如何？

你若是獨門玩家，可將專長發揮到極致，成為獨門領域的領頭羊。你可以同時服務不同產業，隨時能把經驗值從一處擴散到另一處。如果你處於高度競爭環境，獨門專業化或許是條出路，它能讓你聚焦重要核心，錘鍊出一身本領。

深思題

● 我們是否有足夠的知識，能掌握趨勢變化，迅速調整因應？

● 就我們這個專業領域而言，範疇經濟（economies of scope）重要嗎？

顧客資料效益極大化
Leverage Customer Data
善用已知

25

類　型

　　顧客資料效益極大化，乃拜當今科技發展所賜，資料蒐集處理也因而變得無比強大。專攻數據取得及分析的企業（如何？）正趁勢崛起，展現出這塊領域的強勁需求。「數據等於新石油」，類似的說法愈來愈多，也反映了這股現象。而早在2006年，麥可‧帕默（Michael Palmer）即在部落格指出，未經分析的龐大數據就好比原油，用途不大；兩者要發揮商業價值，都必須經過提煉。

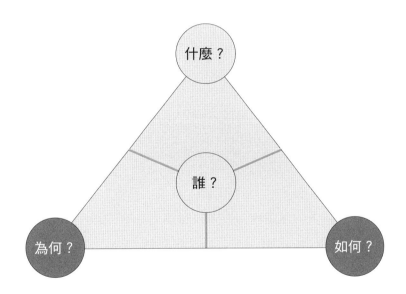

　　數據與石油的相似性還不止於市場潛力，它們的價值鏈也十分雷同，這種價值創造流程正是顧客資料效益極大化模式的核心，顧客資料是利潤豐厚的重要資源，需要適當的開發工具（如何？為何？）。

　　蒐集來的顧客資料是為了整理出人們的輪廓（profile），每種輪廓

可能有上千個屬性（attributes）（如何？）。試想資料增長速度——按目前估計，每五年翻十倍——即可明白，為何有些大型資料池被命名為「大數據」；我們以此名稱，形容無法用傳統資料庫及管理系統評估的偌大資料集。今天許多資料分析法屬於資料探勘，我們能辦到如此大規模的數據分析，要感謝突飛猛進的計算能力。

談到應用範圍，產業別不是問題：製造業、能源、金融、保健，全都有在使用大數據。顧客資料效益極大化有助於保持競爭優勢、找出成本控制出路、進行市場即時分析、提高廣告效能、察覺各種相關性；簡言之，是個幫助決策的強大工具。

起　源

1980 年代，資訊管理提高了人們對數據價值的意識，隨之發展出的個人化廣告，更使大家競相投入。最早主要是瞄準企業客戶，業務服務團隊希冀能透過數據滿足個別客戶需求，建立個人關係。90 年代出現這樣的資料庫，企業得以較精確地抓住小型顧客群，後來即演變為當今常見的電子顧客關係管理（CRM）系統。顧客忠誠方案則是另一個突破，尤其對那些和信用卡合作者而言，消費者購買行為就在隨手可得的數據流中。

隨著網路普及，消費者留下愈來愈多數位痕跡，企業——零售商尤然——也愈來愈知道如何蒐集這類資訊，仔細描繪消費者的個別輪廓。這些資料更進一步的用途，則開始受到大眾質疑，資訊隱私權意識也同時高漲。

創新者

零售業中，亞馬遜遙遙領先群倫。亞馬遜如此熱切分析資訊、打造顧客關係是有原因的：虜獲新顧客的成本，是維持滿意客戶的五倍。因此亞馬遜從銷售資料判斷產品之間的關聯、哪些交易帶來後續購買。它發現，只要起碼的基本資訊，即可正確預測顧客的未來行為，進而發展出針對個人提出的建議，或甚至完全量身打造的網頁，好誘發衝動性購買──那是亞馬遜成功的一大支柱。

身為個人化廣告商的谷歌，資料蒐集對其營收的影響就更為直接。谷歌搜尋引擎問世不過兩年，它便又成功地推出廣告贊助的商業模式：AdWords，不動聲色地把客製化廣告置入搜尋結果。2004年，AdWords強化版AdSense出現，能將廣告直接整合進客戶網站。翌年，谷歌買下的Urchin Software，讓它將顧客資料效益更能發揮到淋漓盡致，這項叫做Google Analytics的網站分析工具十分強大，谷歌免費提供給網站擁有者。谷歌九成營收來自廣告，而它藉著各項免費服務獲得資料，這些服務包羅萬象，像是：搜尋引擎，個人行事曆，電子信箱，地圖，評比系統。

美國不少電信業者──包括威瑞森（Verizon）、AT&T、斯普林特（Sprint）──也開始留意到顧客資料的潛藏價值。他們主要將匿名匯總數據賣給第三方做各種用途，像是從使用統計來決定展店最佳地點。

線上社群網路的營運模式完全仰仗用戶資料分析。臉書、推特利用這類資料，有效地在社群網頁以量身打造形式呈現第三方廣告，兩者目前都免費提供，所以我們可以將用戶提供的資料視為一種付費替代品。臉書仍以此模式發展，推特則開始另闢蹊徑：企業用戶可選購進階方

案，則其推文就會成為跟隨者回饋中的上選，相當於另一種形式的廣告；此外，他們也和第三方資料分析公司合作，讓後者盡情由推特資料庫寶山採礦，用作市場研究、廣告、研發之途。

23andMe是美國一家基因組學生技公司，成立於2006年，主要業務是透過網路提供快速基因檢測。公司藉此搜羅研究所需基因資料，同時也回饋個人資訊給用戶。用戶上23andMe網站登錄即收到測試工具，再把樣本寄回，經過臨床實驗改進法（CLIA）認證之實驗室檢測後，用戶可自行登錄網站讀取報告。用戶樂於付費了解自己的健康與家族資訊，23andMe則獲得研發新藥及治療之資訊，進而賺取收入。

社群網站PatientsLikeMe（像我這樣的病患）瞄準健康或醫療出狀況者，讓用戶與境況類似者交流，分享經驗，交換心得。無數珍貴資訊由此累積，PatientsLikeMe將這些匿名匯總數據賣給第三方醫療單位，也許是研究單位，也許是藥廠、醫療儀器製造商；PatientsLikeMe賺得營收，後者則獲得未來研發所需的資料。

顧客資料效益極大化模式

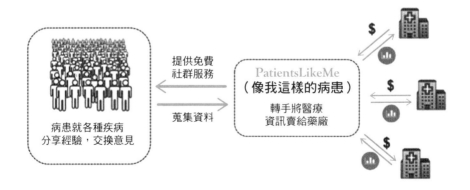

採用顧客資料效益極大化：何時？如何？

　　這種模式與「隱性營收」搭配，常有極佳效果。顧客行為與交易留下的數位足跡，可從不同面向加以分析；不同業務的交錯，常可將顧客資料效益發揮到最大，像是使用谷歌搜尋引擎的智慧住宅。消費者對透露敏感資料的風險意識逐日提高，那將如何影響你的業務，千萬不可掉以輕心。

深思題

● 我們有無可能從顧客資料創造價值，而不至於失去他們或危及我們的核心業務？

● 可有其他手法能讓我們透過顧客關係資產賺錢？

● 如果我們藉由顧客資料獲利，是否還能維繫顧客及業務關係？

授權經營

Licensing

讓智慧財幫你生財

類　型

　　此種模式涉及智慧財產（簡稱智財），由第三方授權使用，重點在如何藉此權利賺錢（如何？），不在於繼續發展該項智財。主要好處是可以把權利賣給多方，等於為公司多闢財源，分散風險（為何？）。再者，產品隨著授權迅速擴散，品牌名氣打響，消費者更加捧場（為何？）。就負面看，比起直接賣掉智財，特許費相對低廉；從正面看，產品散播相對迅速，激勵營收成長（為何？）。

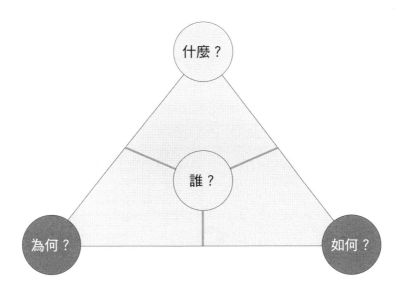

　　另一個好處是，授權方可專心投入研發，不必擔心應用面的生產或行銷問題（如何？為何？），那些麻煩由被授權方負責即可；相對的，被授權方則毋須承擔研發所需成本、時間與不確定性。

起　源

授權概念可溯及中古時期，當時教皇授權予地方稅吏使其正式隸屬教堂。此種以權利換特許費的行徑延續到18世紀，英國兩位貴族女子同意以抽成方式，讓一家美妝業者以她們的名字當做品牌。

以百威啤酒（Budweiser）著稱的美國安海斯─布希英博啤酒集團（Anheuser-Busch）1852年由兩位德國商人阿道福斯‧布希（Adolphus Busch）和艾柏哈德‧安海斯（Eberhard Anheuser）創立。布希將自己和公司名稱授權給許多廠商，生產月曆、開瓶器、小刀等多項產品，其響亮名號讓這些廠商沾光，這些特許費雖然沒帶給安海斯─布希英博多少收入，卻幫這品牌深植人心，讓消費者更樂於買他們的啤酒與其他產品，間接推升營收與利潤。

授權模式

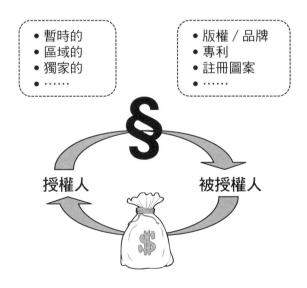

米老鼠是迪士尼（Walt Disney）1928年創造的卡通角色，也是授權模式最有代表性的案例之一。迪士尼在1930年授權給一家公司，該公司開始生產米老鼠書包、電影、電動遊戲等無數商品。這個模式讓迪士尼打造出史上超強品牌，也賺進大筆財富。

創新者

採此模式最知名的企業，可能莫過於IBM。1911年成立於美國的IBM很早便跨足國際，也比對手都早開始將智財授權出去。由於研發出來的技術不盡然能在內部產品派上用場，IBM便將部分授權給其他公司，由此轉進的營收約11億美元之譜。實際上，IBM研發部有個明文的目標：發明能授權出去之技術。授權涉及專利權取得，IBM在這方面投注了相當心力。

總部設在英國劍橋的ARM是家軟體及半導體設計公司，從事微處理器系統架構與規格的研發；但它本身並不生產微處理器，僅做研發，再將晶片設計授權給製造廠。這使它擁有微處理器研發優勢，並從授權獲得可觀收入。

德國蔡司（Carl Zeiss Vision）提供了另一個典範。儘管擁有大型工廠，蔡司卻選擇授權小實驗室去生產，自己則專注製造先進技術的個人化鏡片。做為世界光學鏡片大廠，蔡司率先走出這種營運模式；它研發出的「自由成型技術」，至今已有十年。

全球化工大廠巴斯夫產品線五花八門，從化學用品、塑膠製品、高性能產品、作物保護劑，到石油與天然氣，也是一家由授權得到豐厚進帳的企業。一如IBM，它把自家不感興趣、卻有相當潛力的研發成果授

權給別人。

但巴斯夫授權的不止技術，還包括產品。它以獨家處理技術Kaurit Light製造出的輕質顆粒板（重量減輕三成，相對降低貨運成本），為木質材料業提供另一個選項；它的膠水與填充性樹脂從 1930 年代開始，賣給家具、地板、建築業，是這塊市場的歐洲領導品牌。這個高度商品化的產業競爭非常激烈，成本壓力極高。巴斯夫當初也是照業界主流模式，依重量賣化學原料；2013 年，它以創新產品打入木質材料業，開始採用一種以 Kaurit Light 這項技術為核心的商業模式。在此模式下，巴斯夫授權 Kaurit Light 技術給顆粒板製造商，後者須同時購買巴斯夫的發泡聚合物和結合劑。

新的營運模式讓巴斯夫為客戶提供更高的價值（產品更輕巧、更有成本效益），自己也能拿到更多。由此可知，創新商業模式可讓企業在成本取向的市場走出特色，獲得優勢。

1973 年創於義大利的DIC2是一家娛樂業授權公司，代理授權知名品牌與卡通人物，包括：漫威漫畫（Marvel Comics）、《星際大戰》（Star Wars）、《蘇洛》（Zorro）等卡通，時尚藝術品牌，還有殼牌、Route66、《閣樓》（Penthouse）等大企業。藉著取得名牌與卡通角色的授權代理，DIC2 成為媒合授權方與被授權方的國際公司。

採用授權經營：何時？如何？

這一類型最適合知識與技術為主的品項，有些自己不大用得上的東西，卻能透過授權活化賺錢。你若有這類產品技術，不妨利用授權為公司開闢穩定財源，但別忘了：專利權一定要周延。此外，授權也可做為

提高品牌知名度、加速全球佈局的手段。

深思題

- 我們有哪些非核心品項或解決方案可授權給其他公司？

- 我們的專利權是否足以防堵合夥公司發展出自己的方案？

- 我們產品或品牌的知名度是否能經由授權而提高？

套牢

Lock-in
拉高轉換成本，忠誠強迫取分

27

類 型

在此模式中，消費者被「套牢」在特定賣方的商品圈，若想換用其他家，將面臨罰則或高額成本，而「成本」不盡然是金錢，另外挑選或學習使用所需的時間，可能也是消費者十分在意的。

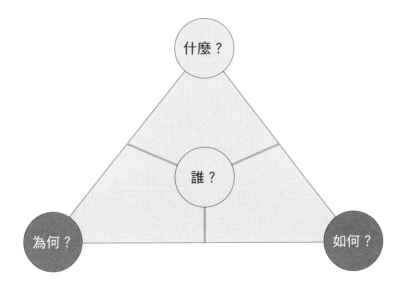

消費者走不開有多種原因，例如：他們還得再花錢投資新的技術（如新的操作系統），或不好意思離開長期配合、熟如親友的保險業務（如何？）。對商家來說，最重要的是消弭與對手之間的互相替代性，讓顧客仰賴自己的公司、品牌、供應商，有效強化顧客忠誠，提高將來的重複購買（為何？）。

消費者過去的購買，會限制未來的決策與彈性。儘管了解轉換成本這個概念，如何正確地評估管理卻始終讓企業頭疼。想抓住顧客的持續

購買，不妨把套牢概念與其他模式搭配，像是「刮鬍刀組」。

套牢有多種變化形式，合約上指定供應商就是一種常見版本（如何？）；還有：已投資財產必須搭配特定物件使用（如何？）。通常會透過技術限制——如相容性——甚至專利權，來設計這類黏著度，其中又以專利權的影響為大（如何？）。當消費者已投資某個產品，就幾乎確保了配件的持續銷售，因為若消費者想改用別家產品，投下的金錢可是覆水難收。

再次強調，對消費者而言，廠商提供的訓練課程也會是可觀的轉換成本（如何？）。

起　源

由於變化形式太多，很難指出這種模式的確實起源。早在6世紀的羅馬帝國，明訂合法義務的合約即相當普遍；其他如訓練條件、技術限制等類型，想必也存在已久。

過去幾百年來，專利權的日益普及加上技術層面的複雜化，大幅促使企業採用套牢模式。始於19世紀末的科技進展，讓這概念在電腦與軟體界尤其發達。

創新者

生產安全刮鬍刀及個人保養品的美國吉列公司，首創拋棄式安全刮鬍刀，也是最早以套牢模式飛黃騰達的企業之一。1904年，它賣出第一副拋棄刀組。照此模式原則，只有吉列牌拋棄式刀片能與原來的刮鬍

刀刀柄搭配，消費者別無選擇，刀片則為公司帶來較高的利潤率。吉列並申請多項專利，防堵對手以同樣產品進入市場。低價出售刀柄的損失，很快就由源源不絕、利潤高的可拋刀片（消耗品）彌補了。

丹麥樂高（Lego）生產組合積木玩具，它根據套牢模式，將產品、配件設計成只與自家專利產品相容。別家積木無法搭配，顧客就不斷回流，營收穩定成長。

套牢模式於相機業也有成功發揮。鏡頭是機身必要配件，是一個讓使用者隨心展現相機功能的彈性設計。1930年代，相機業者開始為鏡頭嵌入的設計申請專利，壟斷與自家機身搭配的鏡頭市場：消費者一旦購買某家廠牌的機身，就必得回去購買同品牌配件。這樣的策略受到許多鏡頭廠商抵制，便透過消費者權益代表團體施壓，重新回到卡口座標準化規範。

雀巢曾是應用套牢手法專家。1976年，一名員工發明了Nespresso膠囊咖啡機組，包含煮咖啡機，以及獲得專利權保護的咖啡膠囊，兩者分開販售。買了雀巢咖啡機器的消費者，必須再買雀巢膠囊，才符合機器規格；如果去買別家膠囊，手上這部機器等於廢物，消費者只有繼續購買。

適當的產品創新，頗有助於套牢模式：雀巢發現，其顧客忠誠的最大威脅就是煮咖啡機損壞時，而內建的襯墊則是影響機器壽命最重要因子。如今，雀巢改將襯墊和膠囊放在一起，以延長機器使用年限，延緩顧客換機決定──誰知道下一部是Nespresso還是競爭品牌。儘管這樣處理襯墊的成本比安裝在機器裡高出許多，但這方法著實延長了機器壽命，相對加強了套牢效應。

套牢模式

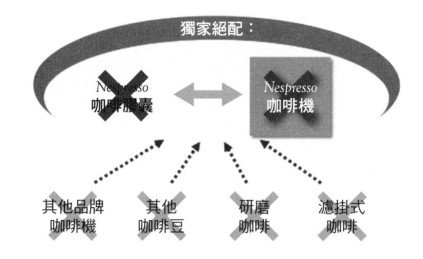

獨家絕配：

Nespresso
咖啡膠囊

Nespresso
咖啡機

其他品牌
咖啡機

其他
咖啡豆

研磨
咖啡

濾掛式
咖啡

採用套牢：何時？如何？

「維繫現有客戶比開發新客戶要划得來。」這句行銷俗諺說明了套牢模式的基礎。實施上，有三種途徑：第一種是法律層面，以合約明訂嚴格的中止條款；這恐怕最讓顧客反感，多少顯得有欠考慮。第二種是技術層面，藉著產品或流程製造黏著效應，防堵顧客輕易轉換；這常與維修搭配。第三種是經濟層面，以強烈誘因促使有意跳槽的顧客深思；想離開iTunes的用戶就得捨棄之前購買音樂的投資。買愈多即可獲得現金回饋，是常見的套牢手法；若能搭配「刮鬍刀組」或「固定費率」模式，更可創造出高明的機制。

有幾個影響套牢策略能否成功的要素，得謹記在心。產品壽命很重要：愈短，轉換成本愈低。其他值得考慮的門檻，包括轉售或提供各式

配件的能力。究竟該不該採取套牢手法，還是要看有意願且有能力這麼
做的對手有多少。

深思題

- 就法律、技術、經濟層面來看，我們有哪些維繫顧客的手段？

- 我們能否順利採用套牢手法，而不致影響公司聲譽，損失潛在顧客？

- 我們是否有任何軟性、間接機制可用來套牢顧客？例如：為顧客打造
  附加價值？

長　尾
Long Tail
積少成多，聚沙成塔

28

類　　型

　　長尾模式鎖定以小量販賣各式商品,與高銷量、種類有限的「高票房」模式恰恰相反(什麼?);雖然每樣東西賣得不多,利潤率偏低,長久下來各種產品累積起來的獲利也相當可觀(為何?)。常說企業八成利潤來自兩成商品,長尾模式則違背此80-20定律,大眾商品和特殊商品貢獻的營收相當,有時甚至後者超越前者(為何?)。採用這個模式的公司可憑著出售特殊商品,來與一般以熱銷品為主力的商家區隔,開闢另一種財源(為何?),消費者則因此面對更多選項,得以發掘自己想要的寶物(什麼?)。

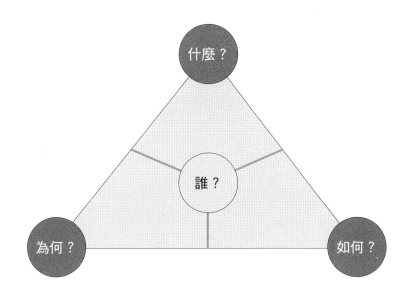

　　想以長尾模式發跡,一定要有辦法控制物流成本,更精確地說,特殊商品的銷售成本絕對不能超出熱銷品銷售品太多(如何?)。再者,

要讓消費者輕鬆找到她想要的特殊商品；如果能依據他們過去搜尋及購買足跡提供建議，這樣的聰明系統就非常有用（如何？）。另一種降低搜尋成本的手法是，讓消費者自行設計他們想要的東西（如何？），「大量客製化」與「使用者設計」兩種模式便是採用這種概念，讓消費者根據個人需求進行產品調整，甚至從頭設計。

起　源

　　「長尾」一詞，是2006年由當時《連線》雜誌主編克里斯・安德森（Chris Anderson）提出；網際網路是此一模式興起的重要推進器，有了它，商家終於可擺脫距離限制，也不見得非要開個實體店面，而特殊產品更獲得前所未有的商機。數位化讓商家可將產品存放在「數位倉庫」，代價接近零；僅僅二十年間，商品物流的成本效益驚人的提高，尤其特殊商品。

　　1994年成立的亞馬遜，與次年出現的拍賣網eBay，是長尾兩大先驅。據某些估計，亞馬遜有四成營收來自傳統書店買不到的書籍。對亞

長尾模式

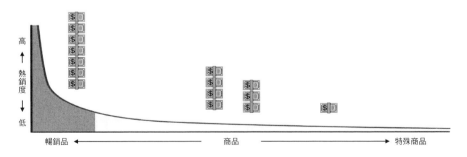

馬遜而言，這些特殊商品不僅是條可貴財源，更是讓它有別於一般書商之處。

　　eBay的長尾現象，則由人們將物品放上網站拍賣所形成，其中比較稀奇的包括：教宗本篤十六世（Pope Benedict XVI）的座車福斯Golf、與巴菲特（Warren Buffett）午餐之約。

創新者

　　網路持續發燒，更多創新者循著亞馬遜與eBay的腳步而來，影音串流媒體Netflix便將長尾概念帶入租片業，用戶可選擇電影、電視劇與綜藝節目多達10萬部以上，約為一家傳統店的100倍，傳統業者在其驚人產品線下黯淡無光。用戶數超過2600萬，Netflix從任何角度衡量都是成就不凡。

　　蘋果是另一家成功運用長尾的企業，其iTunes及App Store是全球最大線上音樂與應用程式商店，龐大品項選擇除了幫助蘋果賺進大把鈔票，更贏得消費者高度忠誠。iTunes賣出歌曲超過250億首，而App Store的銷售數量更為驚人：2013年5月為止，逾500億則應用程式在此售出。

　　再以YouTube做個總結。這家2005年創於美國的公司是全球最大線上影片分享網站，2006年，谷歌以16億5000萬美元的代價將它買下。任何人都可上傳影片，不用花錢，幾乎沒什麼限制，從個人影片、電影／電視剪輯、短片、教育影片到影像網誌，什麼都有。儲存成本低廉，內容無所不包，搜尋引擎加上瀏覽目錄幫你快速進入數百萬支短片，也可分享到其他網站或社群媒體平台。

採用長尾：何時？如何？

也許你也認為，什麼都賣倒是簡單多了，不用傷腦筋主打哪些產品，但實際上，許多老公司載浮載沉，就因為他們無法抓對主力產品與相應能力。反之，如果你確實懂得複雜性管理——包括產品、技術、市場——也能將複雜成本控制在對手之下，那麼，長尾將助你蒸蒸日上，尤其當你經手的是極為特殊或個人化的產品時。

深思題

- 顧客若能從我們這兒找到所有東西，對他們會是更高的價值嗎？
- 我們比對手更懂得管理複雜嗎？
- 我們的流程與資訊系統能處理龐雜大量的商品嗎？
- 我們有足夠能力應付後端流程，像是採購、叫貨、物流、資訊嗎？

物盡其用
Make More of It
用外賣滋養核心業務

29

類　型

　　在這個模式之下，公司把知識技能或其他資源，以一種服務形態賣給外界其他公司，於是，「寬裕」的資源為公司帶來額外收入（什麼？如何？）。日積月累的專業知識、閒置的能力，都能定價售出（為何？）；新專業能力從中培養，回頭可以改善內部流程，提升核心業務（為何？）。

　　善用此種模式的公司，往往是外界眼中的創新領袖，這將為公司營收帶來長期效益。

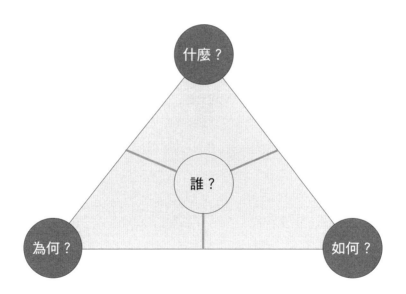

起　源

　　1931 年由一位奧地利出生的工程師創立的保時捷（Poesche），是屬於德國福斯集團、以跑車聞名的汽車製造商，其卓越的研發能力及強大的客戶開發策略眾所週知。它透過子公司「保時捷工程公司」（Porsche Engineering Group）把這些專業賣給第三方，將核心能力發揮了最大效益。保時捷工程在客戶製造汽車與零組件的過程中，提供多年經驗與研發設備，逐步奠定業界創新領袖的地位，吸引更多企業客戶，也帶來更多營業收入。

　　保時捷未被福斯集團收購以前，本身產品量不足支撐研發充分運作，便在內部使用率低時出售工程技術。保時捷工程協助哈雷機車現代化，並推出最先進的 V-Rod 車款；也幫迅達電梯發展驅動模組。目前，保時捷工程有七成業務來自福斯家族之外。

　　瑞士 Sulzer 透過 Sulzer Innotec 來行銷其工程專業時，也是採用類似模式，出售專業技能，以更多收入再精進研發能力。另外，渦輪製造廠 MTU 亦然：透過 MTU Engineering 公司執行同樣策略。

創新者

　　專精自動化的費斯托集團（Festo Group）十分靈活的發揮這套模式。早在 1970 年代，費斯托便開始發展有關自動化的學習系統與訓練課程，由於深受客戶歡迎，因此它成立子公司「費斯托學院」（Festo Didactic），成為業界極具威望的教育及諮商機構。1980~90 年間，該學院訓練出不計其數未來的自動化技師，課程開設包括發展中國家，部分

由政府出資;幾乎一整代年輕工程師、技師都在此受過訓練,也將成為費斯托未來客戶,對其核心業務有深遠效益。現在,費斯托學院是全球工業訓練與在職教育領導者,每年計有24,000位專家在此受訓,36,000所技術學校及大學採用其產品。

物盡其用模式

　　亞馬遜也有採取這項策略，其雲端運算服務 Web Services 提供各種線上基礎設施管理服務，將自己身為電商巨擘二十年的經驗化為收入。全球一百九十餘國的數十萬家公司，皆受惠於 Amazon Web Services 提供的專業諮商與伺服器租賃。

　　巴斯夫是德國化工大廠，產品包括化學製品、塑膠、工業用合成原料等。各生產工廠，透過巴斯夫的網絡現場（Verbund）密切互聯，原物料能有效運用，一階段的副產品能無縫整合到另一個階段。在這些網絡現場，巴斯夫或與子公司、或與外部夥伴共事，後者則自然成為各項副產品的客戶，也為巴斯夫帶來額外收入。

　　聲海（Sennheiser Electronic GmbH & Co. KG）是德國高端音響廠商，產品包括耳機、麥克風、立體聲收音機，服務企業與一般客戶。它也從此一模式看到將其蘊藏豐富的專業知識化為黃金的商機。除了生產高端音響，它也設有聲海聲音學院（Sennheiser Sound Academy），提供完整的訓練及專業知識給員工、通路商與顧客。此舉更墊高了聲海在音響科技界的權威性。

採用物盡其用：何時？如何？

　　這種模式並非僅將專業能力當做一種外賣口號，而是以更有意義的角度看待。你應該視你的核心能力為嶄新商機的入口；獨一無二、不易模仿的專業，是通往新市場的道路，汽車領域中不少精密儀器公司，已藉此進入醫療儀器市場。而你在標示航線之前，要先確認自己的核心能力是由哪些技術、流程、專業構成，繼而檢視，哪些市場可讓這些能力以全然不同的創新手法發揮。

深思題

- 我們是否了解自己的核心能力？

- 這些能力是否獨一無二，難以模仿？

- 我們能否找到能發揮我們核心能力的其他產業？

- 我們可曾找新目標市場中的創新專家，一起來評估我們核心能力的潛能？

- 我們可曾仔細檢驗我們對目標市場的假設？有沒有從事實面及外部專門知識層面，清楚檢視該市場的特性與魅力？

大量客製化
Mass Customisation
現成的獨特性

30

類　型

　　嚴格說來,「大量客製化」是個矛盾修辭,因為它把兩個相互抵觸的概念擺在一起:「大量生產」與「客製化」;而在商業模式中,那指的是根據顧客需求量身打造,同時盡量保持一般大量生產的高效率(什麼?為何?)。模組化生產使它成為可能(如何?),個別模組可合組為各種成品,滿足消費者不同品味。消費者能夠以相對低廉的價格買到訂製品(什麼?),企業則可以此與傳統大量生產的對手做出區隔(為何?)。

　　這種模式也可帶來更密切的顧客關係,因為顧客在客製化的過程中會有參與感,而那種對產品的情感連結,很容易投射到背後整家公司(為何?)。

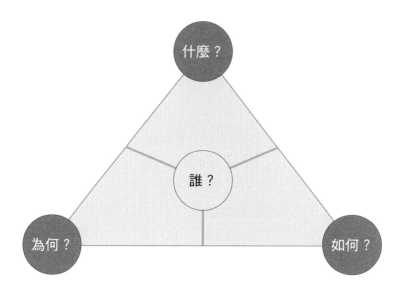

起　源

　　大量客製模式當中顯而易見的衝突，已透露出為達財務平衡的苦苦奮鬥：有規模經濟效益的相同產品和客製化生產，兩者究竟是否可能融為一體？答案在1990年代浮現，有了電腦輔助製造（CAM），模組化生產的效能大為提升；另一方面，市場不斷細分，也給了這個模式發展的動能。大量製造的商品難再滿足今天的消費者，他們對量身打造的胃口愈來愈大。

　　個人電腦廠商戴爾，是掌握到這波時代浪潮的企業之一。對手賣的都是組裝好的產品，戴爾則根據顧客指定規格出貨，以大量客製化模式竄升為業界巨擘。

　　此種模式也廣泛見於汽車業，高檔車商提供顧客各種選項的做法更由來已久：車體（轎車、旅行車、敞篷車等），動力化，手排或自排，外殼顏色，內裝顏色，輪胎鋼圈……，不一而足。相對的，經濟型汽車的選項通常就比較少，額外配備常是整套選購或跟著車款一起，廠商減少了麻煩，消費者做決定也簡單。對汽車業來講，大量客製化貢獻的利潤率可高達5%。

創新者

　　除了上述發展，大量客製化也促成了其他許多成功的創新案例。1990年代，李維牛仔褲（Levi's）就此概念推出了「量身褲」（Personal Pair）：依顧客身材製作，不再局限於傳統上52種大小選擇，而是數千種。銷售員幫顧客量身，將尺寸與指定顏色布料輸入電腦，傳到李維

大量客製化模式

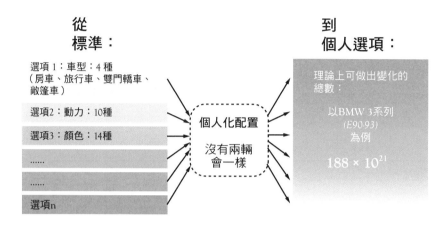

工廠，幾週後送回店裡。對客人來說，這樣的選擇要比其他廠商有趣得多；對零售商而言，則是庫存壓低，流程有效率，獲利提高。「量身褲」讓李維異軍突起，在眾多急追直上的對手間再度勝出。回頭看，這正是大量客製之成功落實；有些門市的業績甚至增加三倍。

「我的愛迪達」（Miadidas）是運動服飾大廠愛迪達一項專案：消費者可上Miadidas網站購買個人化的足球鞋、足球上衣、配件等，透過先進的圖形界面指定顏色等設計，放上個人圖案也可以；線上完成訂購之後，即可等待客製成品郵遞過來。對那些厭倦標準運動用品設計的消費群來說，這項專案很有吸引力。

「個人小說」（PersonalNOVEL）在其網站生產個人化書籍，顧客選擇小說、驚悚或其他類型，為書中角色命名等個人化項目；頭髮及眼珠眼色、角色們開的車款、故事發生地點，這些細節也都可以指定。除了從這塊新市場挹注收入，按需求印刷也有效去除了庫存問題。

成立於2007年的「我的專屬穀物」（mymuesli），也是這類公司。顧客可以自行打造最愛的早餐穀物，有超過5,660種選項！這種夢幻選擇，豈是一般超市所能比擬；該公司因這種營運模式，創立以來一直是匹黑馬。

其他成功應用大量客製的領域，包括「就是我的茶」（allmyTea）的茶，「我獨一無二的包包」（My Unique Bag）的手提袋，以及「121工廠」（Factory121）的手錶。

採用大量客製：何時？如何？

消費者對個人化專屬產品的需求日益提高，這種模式正是一條出路；如果你有辦法提供量身打造的商品，就能贏得顧客效忠與更多生意。任何產業都適用，產品勞務也都行。成功的前提是，擁有能應付相關複雜度的後端系統；如果你本來就是工業自動化用戶，這種模式可能格外適合你：價值創造流程——包括線上下單、電腦輔助製造、機器人裝配——愈是聰明，就愈容易能把量身打造和量產的規模經濟結合在一起。

深思題

● 面對顧客不同品味和期待，我們可以怎樣客製化我們的商品？

● 在我們哪一塊業務領域，顧客會最期待客製化的服務？

● 要有效處理大量客製，我們能調整出必要的後端系統嗎？

最陽春
No Frills
怎樣都行，便宜就好

31

類　型

　　最陽春模式很簡單：將一般的價值主張削減到最起碼（什麼？），省下的成本，就以相當低廉的價格回饋給消費者（什麼？）。基本目標是盡量拉大顧客群，能接觸到最大眾為理想（誰？），雖說這類顧客通常對價格比較敏感，但只要成功引起大眾市場迴響，這將是利潤頗豐的商業模式（為何？）。當然，前提是不斷壓低每個環節的成本，唯有如此，才能祭出真正誘人價格，吸引到廣大群眾（如何？）。

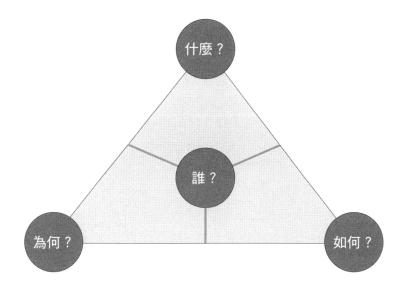

　　一種有效壓低成本的做法是提供標準化產品，充分利用產能，達到規模經濟（如何？）；再一種是提高物流效能，例如採用自助式服務（如何？）。若一切運作得宜，極簡價值主張和成本精簡自會發揮效益，但請注意：價值主張要挑對地方縮減，以產生最大的成本精簡。

起　源

　　當那款 T 型車（Model T）於 1908 年問世時，福特先生便成為著名的陽春先驅。該車上市價格僅區區 850 美元，大約其他汽車售價的一半。福特的低價，是靠大規模製造與流水裝配線達成。消費者雖失去挑選配備的空間，但價格預告了銷量。福特當年的俏皮回應：「顏色任你挑，只要是黑色」流傳青史。價格能壓到這麼低，該款車的簡單結構是主因：T 型車使用樸素的 20 匹馬力引擎，鋼質底盤相當簡單。福特大獲成功，到 1918 年，美國每兩輛車當中便有一輛是 T 型車；1927 年停產時，銷量衝破 1500 萬輛。

創新者

　　T 型車開啟了其他各領域對此模式的靈活運用，當今一個近似案例，為航空業的廉價航空。美國起家的西南航空（Southwest Airlines）於 1970 年代率先推出，餐點、座位保留、透過旅行社訂位等服務不再，但票價非常便宜。一般航空公司多停主要機場，廉航反其道而行，選擇郊區小型機場；雖然沒那麼方便，機場稅卻便宜不少。廉航模式為航空業帶來天翻地覆的轉變，據估計，歐洲每兩架航班中便有一架是廉航。

　　低價販售雜貨的折扣超市又是一例。他們達到低價的手法是，不賣名牌，大幅壓縮架上品項。通常貨物週轉率極高，換言之，這類超市不僅省下庫存成本，更擁有對廠商議價優勢。另外，折扣超市通常會擺脫店內一切不必要裝飾（符合最陽春原則），員工數也降至最少。

速食連鎖餐廳麥當勞也有採用這種模式。1940年代，麥當勞得來速餐廳業績很差，老闆理查與莫里斯兩兄弟全面翻新經營：餐點減至十項以內，紙盤代替瓷盤，引進新式便宜的漢堡製作方式，裁掉三分之二員工，推出自助式服務。這些措施，讓麥當勞得以大幅降價，一個漢堡只要15美分。最陽春概念讓它鹹魚翻生，至今仍是麥當勞經營哲學。重新開張沒多久，每個櫃檯大排長龍——其餘故事，都屬老生常談了。

亞拉文眼科（Aravind Eye Care System）創始人是戈文達帕・文卡塔斯瓦米（Govindappa Venkataswamy）醫師，服務對象包括印度與全球民眾。亞拉文眼科透過其醫院網絡提供高品質的治療與手術，是全球最大眼科手術醫療機構，更為幾千名窮人免費開刀，這些費用由付得起正常價格的中高階級顧客分攤，此外，印度政府也有補助，因為這包含在世界銀行（World Bank）一項計畫之中。亞拉文善用醫療資源的創舉，一方面帶來數量可觀的病患，卻絲毫沒有影響到品質。每名病患成本壓得很低，有些醫院每天服務2,000人。雖然照顧那麼多窮人，靠著高品質名聲，仍吸引全球許多人甘於特地前往尋求治療。

最陽春模式

| 福特 (1908) | Aldi (1913) | 麥當勞 (1948) | 西南航空 (1971) | 亞拉文眼科 (1976) | 雅高酒店 (Accorhotels) (1985) | McFIT (1997) | 道康寧 (2002) |

採用最陽春：何時？如何？

消費者以成本考量為主的市場，最適合這種模式。極度價格敏感的

人，只在價格極端便宜時出手。如果你能達到規模經濟，並透過產品、流程、服務標準化壓縮成本，最陽春就非常適合你。新興市場與其「儉省的」商品，恰是陽春模式的發展溫床。「精簡至上！」是最陽春的口號。

深思題

- 我們能把哪些顧客要求綁在一起並且標準化，以減少服務選項？
- 我們必須在哪些地方做出區隔？
- 我們如何跳出這過度堆砌的思維框架，轉以極度成本敏感的新興市場為目標？
- 審視價值鏈，我們能在哪些環節、怎樣去除浪費，降低成本？
- 就採購、生產、研發、物流面，我們如何能達到規模經濟？
- 我們能否大幅調整流程以精簡成本？

開放式經營
Open Business
齊心協力，創造價值

32

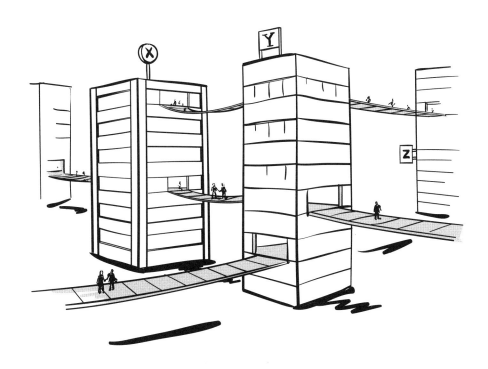

類　　型

　　採用開放式經營模式，是徹底將公司經營邏輯進行典範轉移。「開放」意味著敞開原本緊閉的價值創造流程，例如研發，而邀請外部夥伴進入（如何？）。形式沒有一定，但以合作為基礎的本質，讓它迥然有別於傳統的顧客—供應商關係。在此模式之下，公司提供利潤，激勵潛在夥伴投入獨立業務（為何？）。

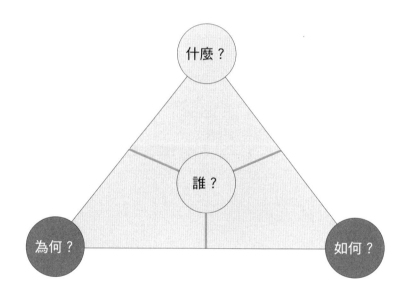

　　以不同商業模式經營的各家公司能齊心合作，形成健康的營運生態，不是沒有道理的；這種生態，常是圍繞著中心企業的產品——就好比生物界的「關鍵物種」——運行；一旦這個核心消失，整個生態系統也將崩潰。

　　此種模式運用之妙，在於系統化地找出價值創造流程中外部夥伴能

做出何種貢獻：也許他們可以直接放進資源，或是將其創新使用。開放經營，目的在提升效能，搶得新市場一杯羹，和／或鞏固戰略優勢（如何？為何？）。在設計過程中，要特別留意兩個面向：第一，原本的商業模式——尤其價值鏈——必須本身夠扎實，與未來夥伴的商業模式也要能合拍；第二，要確定由此創造的附加價值能幫助原有的業務，換言之，與夥伴彼此目標若有衝突，必得找出雙贏之道（為何？）。

起 源

亨利・崔斯布洛（Henry Chesbrough）是率先研究開放式經營概念的學者之一，他在「崔斯布洛的開放式創新」（Chesbrough's Open Innovation）一文中指出，企業應把原本閉門造車的創新對外敞開，促成知識對流，眾人形成網絡，探索聯合發想的可能。

2000年推出「連結與開發」計畫的消費性產品巨擘寶鹼，正是此概念的實踐者。為了提升創新力，寶鹼全力對外尋求產品創意，共同打入市場。「清潔先生魔術擦」（Mr. Clean Magic Eraser）的起源，可溯至巴斯夫化工所生產的工業用高科技海綿，被日本買去做為多用途海綿，受到寶鹼一名「探員」注意。寶鹼隨即與巴斯夫簽約保障這項技術使用權，清潔先生品牌獲益匪淺，馬上與巴特勒家用品（Butler Home Products）合作開發出一系列清潔用品，巴特勒負責發想及生產，寶鹼則貢獻品牌名稱與物流網。這類與夥伴互惠的合作故事在寶鹼簡直多如牛毛，公司一半以上的新品都是循此管道開發出來。除了交流技術、點子、生產之外，物流網和品牌都可以分享，正是「開放式創新」走向「開放式經營模式」的最佳典範。

開放式經營模式

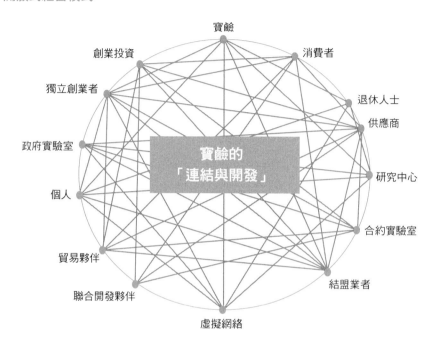

創新者

　　各行各業許多致力有效創新的公司也紛紛起而效尤。禮來大藥廠（Eli Lilly）打破業界諱莫如深的保守心態，在2001年成立了InnoCentive平台，讓全球所有研究員自由投入，幫忙解決其目前問題者即可獲得獎金。InnoCentive於2005年成為獨立公司，開放給所有企業解決創新問題，至今登錄參與問題解決者超過30萬人，發出獎金達4000萬美元以上。

　　開放帶給公司的轉變可能不止於研發，對商業模式也會有深遠影響。以IBM為例，在其聞名遐邇、由製造商轉型為服務供應商的蛻變過程中，決定停止研發自家操作系統，轉身參與Linux開放原始碼的強化。此舉讓它省下八成研發成本，而伺服器業務，則因與日受歡迎的Linux系統無縫接軌而蒸蒸日上。IBM對Linux的瞭若指掌，進一步推動其諮詢業務開花結果。到1990年代末期，該公司營收主要來自其逐步開放的經營模式。

　　總部設於美國華盛頓州貝爾維尤（Bellevue）的電子遊戲開發商維爾福（Valve Corporation），從這種模式得到雙重收穫。一方面，維爾福在1998年推出首支第一人稱射擊遊戲《戰慄時空》（Half-Life）時，決定要讓這個遊戲的玩家能輕易自製模組。在維爾福的積極帶動下，一個由第一人稱射擊遊戲的開發者形成的生態圈誕生，開發《絕對武力》（Counter-Strike）的團隊也在其中；《絕對武力》是歷來最成功的網路遊戲之一，催生了風靡亞洲的職業電子競技聯盟。後來，維爾福將此開放經營模式套用到它的數位遊戲發行平台Steam。業界對手都只發行自家商品，認為發行平台是必須嚴加守護的核心能力，維爾福卻從2005年起，開放Steam給全球開發者在此發行遊戲，它抽營收的一到四成。如今Steam上來自各家的遊戲約有兩千種。因為開放式經營模式，私有的維爾福身價估計在30億美元之上，是娛樂業隱性巨擘之一。

　　「時尚四月」（ABRIL Moda）是一個採行開放式經營模式的時尚品牌，由哥斯大黎加29家小型紡織公司合力組成，藉此單一品牌，行銷各家產品。運用社群媒體平台hi5以及夥伴企業Barrabes的協助，這些公司共同分享行銷傳播資源，分攤成本打造成功的品牌活動。

　　霍爾希姆哥斯大黎加分公司是另一個成功案例。2010年，霍爾希

姆推出一項開放式創新計畫，開始積極找尋與外部夥伴合力為顧客創造
價值的機會，成果之一便是「橄欖社區」：該國第一個整合社會資源的
永續性社區。為了打造該社區，霍爾希姆成立一平台，整合來自營建公
司、開發商、大學、顧問公司、社會研究者提供的解決方案。透過這個
模式，霍爾希姆奠定了一項為低收入家庭打造住屋的新標準──從而獲
得哥斯大黎加國家建設局頒發的永續建設獎。

採用開放式經營：何時？如何？

開放式經營模式將夥伴納入價值創造流程，這是未來繼續成長與保
持競爭優勢的關鍵要素。世界愈來愈平，產業逐漸靠攏，想維持成功，
開放絕對必要。試著建立一個經營生態，為顧客打造一種這生態圈無人
能單獨提供的價值。這種生態圈的發展前提，則是參與者都能因此獲得
足夠的營收與利益。

深思題

- 哪些是我們能與別人合夥，為顧客帶來更高價值的東西？
- 公司內部，哪些環節會因外部夥伴、外來知識而受惠最多？
- 在這經營生態圈裡，我們自己如何定位？每位夥伴的角色又應如何？
- 營收要怎麼與夥伴們分？
- 如何讓大家都從這生態圈獲益？

開放原始碼
Open Source
合力打造免費的解決方案

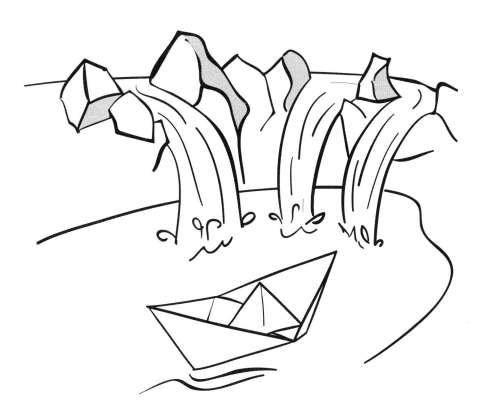

類　型

　　開放原始碼模式表示：產品是公共社群研發結晶，不是單一公司的成果（如何？）。社群完全公開，任何人——兼差工匠或專業人士——皆可自由加入，貢獻所長。研發成果不屬於任何公司，而是群眾可自由擷取的公共財（什麼？）。那並不意謂這種模式就沒有賺錢機會；機會是有，但不是直接來自研發成果，而是間接來自過程中產生的商品或服務（為何？）。

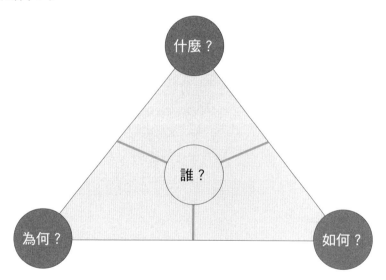

　　有心採取此種模式的公司，可毋須負擔新品研發的投資成本（為何？）；社群眾人會自發完成研發任務。他們會這麼做，往往出於個人動機，像是對目前解決方案感到不足。支持者普遍相信這比獨家研發更好，因為動員了集體智慧（什麼？）。最後，開放原始碼消弭了對供應商的仰賴（什麼？如何？），這一點極有價值。

起　源

　　開放原始碼源自軟體業，1950年代由IBM率先使用。IBM最早的電腦問世後兩年，使用者自組「分享」（Share）團體，交換程式編寫、操作系統、資料庫。1990年代，這種模式又被用來改善網景（Netscape）瀏覽器：當時微軟逐漸稱霸瀏覽器軟體市場，逼使網景公司（Netscape Communications Corporation）設法另創價值，由此展開Mozilla開放原始碼計畫，從而發展出Firefox瀏覽器。開放原始碼軟體（OSS）成為軟體業不可或缺之一塊，紅帽（Red Hat）是公認第一個在此成功建立獲利模式的業者，其收入主要來源，就是Linux操作系統的服務與套件安裝。它也成為首家從開放原始碼產品獲得10億美元以上營收的企業之一。

創新者

　　此一模式已在過去幾年延伸至其他產業，2001年成立的線上維基百科（Wikipedia）可能是最著名的範例，如今它已是全世界用量最大的參考工具。維基內容由全球各地用戶編纂，隨時改進。由於免費提供使用，公司財源主要來自捐獻。維基的誕生，迫使許多百科全書出版社放棄沿用經年的商業模式，黯然退出市場。

　　總部設於瑞士的mondoBIOTECH也是使用者之一，它自稱是全球首家開放原始碼的生技公司，期許自己找出對抗俗稱「孤兒病」之罕見疾病的解藥。研發過程不在實驗室，而是線上搜尋既有研究成果及相關資訊；這樣可更有效地掌握藥物機制，而且非常便宜。公司成立不過11

年，已生產超過300種原料藥，其中6種更已晉身罕見疾病用藥；在傳統藥學研究領域，達成這種成就的機率是萬分之一。

　　汽車業也成為開放原始碼模式的發展基地。Local Motors在2008年

開放原始碼模式

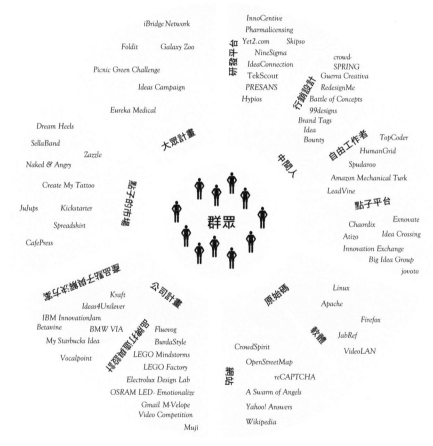

資料來源：蓋斯曼（Gassmann, O. 2010）.《群眾外包》（Crowdsourcing），頁15，瀚思出版社（Hanser）：慕尼黑。

問世，便成為首家開放原始碼形態的汽車製造商，開放式設計網絡是其營運基礎，它廣邀全球工程師透過線上平台，一起打造新車。「拉力戰神」（Rally Fighter）是第一件作品；雖然至今僅售出150輛，成本卻不過360萬美元，只占傳統車商研發新車所需的3%。這150輛的銷售成績，已讓成立兩年的Local Motors損益兩平。

這個模式也促使無數研究計畫順利完成，其中包括「人類基因組」（Human Genome Project）。開放原始碼最大挑戰並非「創造」價值，而是「享受」價值。設計這樣一種商業模式時，務必確保：千辛萬苦共創出來的價值，至少要保留部分給起頭的自己。

採用開放原始碼：何時？如何？

開放原始碼模式在軟體設計界的應用空間極其寬廣。你雖然放棄了相當程度的主導權，卻也藉著制定標準、分享資源及風險、建立有可能成為你未來客戶的用戶社群，獲得一定的競爭優勢。開放原始碼在1990年代還十分前衛，如今應用程度如野火燎原。年輕的程式編寫員無疑是主力，而生技、藥物領域的企業也對此敞開大門。

深思題

- 相關技術層面（軟體、資訊等）是否適合採用開放原始碼模式？
- 分享研發成果能幫助我們取得競爭優勢嗎？
- 產品與社群真能依照我們的策略方向發展嗎？
- 開放原始碼模式果真能讓我們既創造價值也享受到價值嗎？

指揮家
Orchestrator
操控價值鏈

34

類　型

　　指揮家類型的公司，只專注做好最擅長部分，落在此核心能力以外的價值鏈活動全都外包給其他專業（如何？），因此他們會需要花相當時間協調，確保每個價值創造都能密切配合。這種情況的交易成本會較高，但夥伴的專業技術價值可創造更高收益（為何？）。採用這種模式的重要效益是，可與極富創意的外部夥伴建立密切關係，為公司本身的生產加值（為何？）

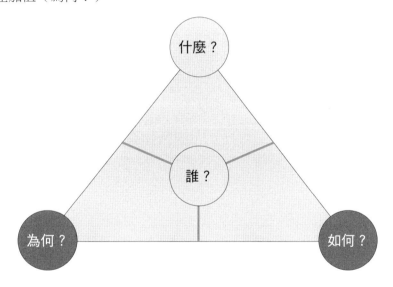

起　源

　　指揮家模式源自1970年代，當時全球化風潮正起，在愈來愈大的成本壓力之下，企業紛紛將部分價值鏈活動，外包到勞工、生產成本低

廉的國家；以出口工業化為主要策略的幾個號稱亞洲之虎的國家，便是最大受益者。時尚業則是先驅之一。

　　運動用品巨擘耐吉便以此扶搖直上。70年代初期，在執行長費爾·奈特（Phil Knight）領軍下，耐吉將生產移往中國、印尼、泰國、越南等薪資低廉市場，美國總部則專注研發、產品設計與行銷等強項。外包省下的巨額成本締造了優勢，耐吉旋即登上運動用品銷售龍頭寶座。目前耐吉的產品約98%在亞洲生產，「指揮家」無疑扮演其營運模式的靈魂。

指揮家模式

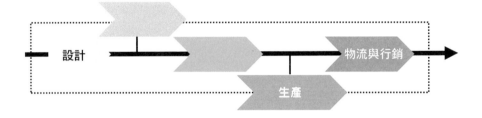

創新者

　　不少企業以此模式成功扭轉經營，比如印度電信商Airtel。Airtel創於1995年，用戶超過2億6000萬人，與全球幾大電信業者並駕齊驅，但有一點與對手不同：它自己的資產項目很少。Airtel從2002年轉型為指揮家形態，聚焦行銷、業務、財務，其他如資訊技術支援等，則外包給愛立信（Ericsson）、諾基亞（Nokia）、西門子、IBM等公司。它與這些公司協商好，成本依用量而定，遂能夠以非常便宜的價格提供給用戶。這個華麗轉身，讓Airtel在2003~2010年間，營收成長達1.2倍，年

度淨利 2.8 倍左右。

中國的利豐有限公司（Li & Fung）也因扮演指揮家獲利甚豐。它從客戶接單，負責研發及生產，項目繁多，玩具、時尚配件、服飾什麼都有，客戶包括玩具反斗城（Toys R Us）、Abercrombie & Fitch、沃爾瑪（Wal-mart）。利豐完全不碰生產，而是交給遍佈全球一萬多家供應商，所以它成為一個全球供應鏈指揮家，憑著串連合作夥伴與流程的核心能力，沒有半家工廠，卻年賺數十億美元。

採用指揮家：何時？如何？

你必須完全了解公司本身的關鍵能力，才可能演好指揮家；如果你公司同時從事價值鏈中的好幾個步驟，這點更為重要。扮演指揮家，你要把全副心力放在自己最擅長之處，其他則外包出去，藉此消弭成本，提高彈性。處理手法是你的最高機密，否則很容易就有對手竄起。合作夥伴各形各色，要能夠靈活管理，你才有辦法當上一位指揮家。

深思題

- 我們的關鍵項目是什麼？
- 我們的特殊長處在哪兒？
- 就我們整個價值主張來說，哪些項目沒那麼重要？能否外包出去？
- 把某些項目外包出去是否能夠減低成本？
- 我們能因而更有彈性嗎？
- 我們有沒有辦法同時管理各種不同的合作夥伴？

按使用付費
Pay Per Use
用多少收多少

35

類　型

　　在按使用收費模式之下，消費者使用狀況受到追蹤，依此付費。這在消費媒體市場（如：電視、線上服務）最為常見，其彈性頗受消費者歡迎。換言之，消費者是根據實際用度付錢，不是繳固定費率（什麼？）。計費基礎看產品，有些是依照使用次數，有些則是時間長度（為何？）。對消費者的一大好處是，成本來源清楚透明（什麼？），而且很公平：用得少，就毋須當冤大頭。

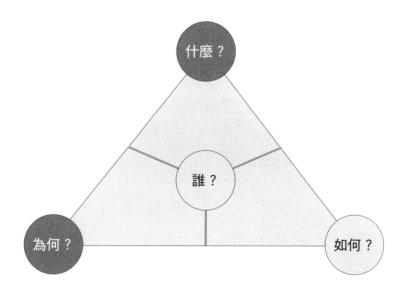

　　另一方面，消費者往往隨性使用，公司很難預估營收。為了保障穩定進帳，許多公司在合約上會明訂最低用度。

起　源

　　此一模式由來已久，租賃業幾乎一直是根據使用時間按比例收費，新的電費計價也將此手法轉移陣地。數位電視誕生，給予它在收視媒體發展的契機：消費者毋須訂購頻道，可單次選看中意影片或運動節目；相較於類比時代，可選擇頻道大增，消費者更享有無比的付費彈性。

按使用付費模式

創新者

按使用付費刺激了許多創新的營業模式，如網路廣告的「按點擊付費」（pay per click）：廣告主不再必須購買廣告刊登費，而是根據消費者實際點入觀看的次數付錢。

新創公司GoTo在1998年首次推出這種計價法，堪稱按點擊付費模式鼻祖。這已成為網路廣告的主流收費手法，拿谷歌來說，廣告營收超過九成是由此貢獻。

2008年，戴姆勒汽車推出汽車共享服務Car2Go，可謂按使用付費的另一種創意變通。一般汽車分享或租賃，計費基礎都是小時或天數，Car2Go則另闢蹊徑，讓消費者按分鐘租車，且毋需講好還車時間，方便時把鑰匙交回即可。它還有一點與眾不同：別家業者都收基本年費，Car2Go則只要成為會員時，繳一次註冊費。這種類似電信業的依實際使用狀況的計價，為消費者提供相當的彈性及成本控制，也讓這項業務穩定茁壯；繼德國烏爾姆（Ulm）與美國德州奧斯汀（Austin）的測試水溫後，Car2Go已在北美8座、歐洲9座城市營運，更計畫在2016年繼續進軍至少50都。

保險業對此也不陌生，不少業者早有提供取決於個別駕駛的保單，保費計算依據保單所有人的實際風險，包括駕駛習慣、駕車地點與時間等風險因素；這些資料會透過衛星定位系統傳回業者手中。總部設在美國的聯合汽車金融服務公司（Ally Financial）——前身為通用汽車金融服務（GMAC），自2004年開始提供此種保單。

採用按使用付費：何時？如何？

物聯網來臨，其中互聯的智慧物品將能感測資訊，蒐集這些資訊可做未來分析或應變調整；這種建立在產品上的資料取得與分析，將給按使用付費模式提供無比強大的發展潛能。衡量產品使用狀況的科技自是存在已久，但隨著資訊成本不斷下降，我們將看到新的商業應用如滾雪球般展開。

深思題

- 我們可以怎樣簡化我們的計價流程？
- 如果我們推出按使用付費的費率，消費者會改變行為嗎？
- 有哪些商品資訊是我們能蒐集分析的？
- 我們若推出智慧型產品，除了記錄使用狀況，還能為消費者提供哪些額外價值？
- 此種模式能讓我們了解到怎樣的消費者行為？

隨你付
Pay What You Want
看你認為值多少

類　型

隨你付這種模式，就是由消費者自訂價格（什麼？），商家即使賠本也全盤接受。有時旁邊會註明底價做為參考。這種模式頗能吸引廣大消費群，但多半用於競爭極其激烈、邊際成本很低的商品，配合著心中自有一把尺的消費者。很多人可能以為人性本貪，實際上並非如此：研究指出，人們在此模式之下付出的價格，遠遠、遠遠大於零（為何？）。

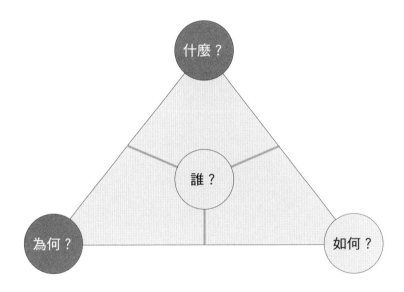

像公平性這種社會規範，自會產生價格控制功能，消費者也會根據類似產品拿捏價格。隨你付模式讓他們感覺受用，因為它能控制附帶成本（什麼？）；對商家的好處則是，也許能有正面宣傳效益，擴大顧客群（為何？）。

起　源

　　隨你付模式存在多時，給街頭藝人或服務生的小費即為典型。第一個應用到商業模式上的，則是One World Everybody Eats餐廳；2003年開始，這間位於美國鹽湖城的餐館讓顧客自行決定付多少錢，或選擇以某種善行交換這頓餐飲，如洗碗、園藝。老闆丹尼斯・席瑞塔（Denise Cerreta）說，透過隨你付這種概念，可讓低收入者也能享受高品質的健康美食。

創新者

　　這些年來，此種模式日受歡迎。2007年，英國搖滾樂團電台司令新專輯《彩虹裡》便加以採用，粉絲可上其官網，以任何價格下載這張專輯。雖說眾人平均支付的金額較市場一般專輯定價低，《彩虹裡》的下載率，卻比該團之前所有專輯銷售總數還高，成功拓展了粉絲群。

　　音樂串流業者NoiseTrade成立於2006年，同樣根據隨你付概念：獨立音樂人可免費把自己的作品上傳到NoiseTrade任樂迷下載，後者則自由捐獻。NoiseTrade還提供音樂人的聯絡資訊及推薦，並透過社群媒體與小插件（widget）散播推薦。NoiseTrade的營收來自網站廣告與捐款抽成。

　　2010年，Humble Bundle也以此進行了實驗。Humble Bundle是網路收藏包網站，提供「成綑」的線上產品供下載，品項包括電子遊戲、電子書、音樂。價格由買家自訂，而公司也祭出不少誘因：付款金額高出平均者可獲追加獎勵品，貢獻排行榜前幾名將列名網上；此外，售價一

定比例捐給非營利組織。Humble Bundle平均分得網站全部籌得資金的
15%，憑著隨你付，過去三年營收超過3300萬美元。

隨你付：Humble Bundle的商業模式

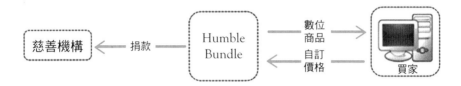

採用隨你付：何時？如何？

　　隨你付假設消費者了解產品價值，願意支付合理價位。此模式根植
於B2C市場，卻也可見於B2B。通常僅適用於產品的某個比例；舉例來
說，有些顧問公司會保留一定比例的顧問費，讓客戶據其滿意程度決定
支付金額。

深思題

● 我們有哪些產品，若允許顧客自行定價，他們會掏出合理金額？

● 我們的營收模式有無可能拆成兩種：固定營收，以及由顧客自訂價格
的彈性營收？

● 我們能怎樣把存心占便宜的顧客比例降到最低？

夥伴互聯
Peer to Peer
個人與個人直接打交道

37

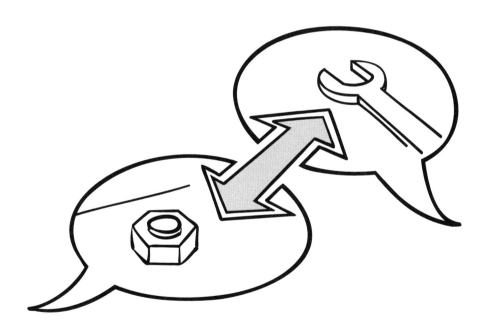

類　型

　　「夥伴互聯」一詞源自電腦業，意指兩部以上的同樣電腦互聯；用到商業模式，則指私人之間相互交易，如出借個人用品、提供特定產品勞務、分享資訊經驗等（什麼？），組織者居中，負責交易效率與安全（如何？），成為社群關係的串連者。隨著時間過去，這種功能可以金融化，收取交易費用，或從廣告、捐獻間接獲得營收（為何？）。

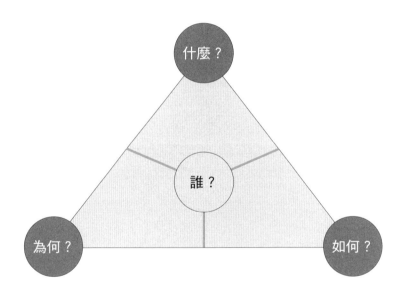

　　此種模式主要好處是消費者可使用到私人的商品勞務（什麼？），並享受這樣一種人際網絡的社交層面（什麼？）。公司能否應用成功，要看它是不是能打造出令人信賴的形象（如何？）。消費者雖然珍惜能買到私有商品的機會，也希望交易如商業過程般簡單輕鬆。

起　源

　　此一模式發展自1990年代初期，網際網路興起是核心動力，「合力消費」（collaborative consumption）趨勢又更推波助瀾，這股趨勢的精神是希望激起社群意識，共享資源。線上拍賣網 eBay 是先驅之一，讓三十餘國民眾得以把不需要的物品拿出來拍賣。eBay 每天處理的拍賣數量達1200萬件以上。

創新者

　　循著 eBay 腳步踏上這條道路的公司陸續誕生，如 Craigslist 這家私有網路傳播公司，專門提供地方性商品勞務的線上分類廣告，包括房屋買賣、工作、演出、徵婚、求職、尋物、店面出讓等。當這個線上夥伴互聯網一出現，瞬間破除向來由印刷媒體壟斷的局面。Craigslist 以免費刊登，發展出一個每月超過6000萬筆新增廣告、瀏覽次數達500億的線上夥伴互聯網。獲得這樣的市場優勢，它開始收取某些類型的刊登費用，如：工作招募、公寓出租；其他則維持免費。

　　英國的 Zopa 藉線上網絡與電商模式提供金融交易，讓人們可在銀行等金融機構之外進行借貸。Zopa 提供可靠的夥伴互聯平台，協助個人透過線上交換金錢（借貸）：出借者在 Zopa 貼出金額及出借條件找到適合對象，Zopa 純粹扮演媒合，讓借貸兩方不必經過銀行體系，獲得較好的條件（亦即較低的利息）；媒合成功，Zopa 便向雙方收取費用。

　　設在柏林的新創公司 friendsurance.com 也創造一個夥伴互聯模式，把典型的保險概念用於社群網絡，形成一個私人保險網（例如：四或五

位朋友）。舉汽車保險為例，當某人車子受損，他的私人網絡出一筆錢（例如：一人20英鎊），其餘則由保險負責，如此一來，firendsurance.com為顧客減輕了保險費率，最多達50%；它自己也深受其益：通路成本為零，顧客招徠顧客，道德風險更是巨幅下降。

創於2010年的RelayRides也採用夥伴互聯模式。私家車車主透過這間汽車共享公司把車出租給一般大眾，車子都裝有防盜系統，登錄在RelayRides訂租系統。這家新創公司由通用汽車融資，在美國深受歡迎，問世兩年即吸引50萬名會員。

TIGER 21（二十一世紀增強投資獲益集團，The Investment Group for Enhanced Returns in the twenty-first century）成立於1999年紐約，是以高淨值投資人為主的夥伴學習平台。該集團會員都是資產千萬美元以上的大戶，像是創業家、執行長、投資家、高階主管等，目標在提升會員投資知識，挖掘他們對財富保值、遺產規劃、家庭動態有哪些需要。其特殊之處是每個月的小組聚會，由專業人士引導，討論財富議題，了解彼此的投資組合。聚會絕對保密，會員交換商業構思、個人問題或探討世界情勢，以提升財富管理。眾人帶進的不同觀點是聚會一大效益；最後則有外來專家進行專題演說。TIGER 21年費為3萬美元，包含小組聚會、專家演講以及線上社群。

美國公司領英則為專業人士提供最大的社群網。類似臉書，領英用戶可免費開立個人帳號，重點則是職業。企業可尋覓人才，個人可瀏覽

夥伴互聯模式

| eBay
(1995) | 沙發客
(Couchsurfing)
(2003) | Zopa
(2005) | Airbnb
(2008) | TaskRabbit
(2008) | RelayRides
(2010) |

工作機會,而當然,在這個夥伴互聯的網絡中,用戶也彼此溝通,建立人脈。領英操作簡便,讓用戶展示完整資訊,拓展職場網絡。

　　夥伴互聯也出現在住宿方面。設在舊金山的私有公司Airbnb,讓用戶(「房東」)得以將居住空間、房間、公寓、城堡、船隻等資產,對這個夥伴社群開放出租,其中多是尋覓合理短租的旅人等。用戶登入了設計簡便的網站後,即可展示欲出租空間或資產。住宿設施及住客都進入評比系統,以防詐騙與不實陳述。Airbnb主要收入來自預定服務費(6~12%),其他包括住客信用卡手續費。

採用夥伴互聯:何時?如何?

　　這種模式最適合線上社群。背後主要精神在提高邊際效益:每增加一名用戶,該社群便添一分魅力,這種「贏者全拿」的自我增強迴路,提高了潛在對手的進入障礙。

深思題

- 我們如何說服用戶從既有網絡轉到我們這兒?我們能為此社群貢獻什麼?
- 我們能提供哪些誘因留住用戶?能否打造出軟性的套牢效應?
- 技術上,我們如何落實設計?
- 透過建立夥伴互聯社群,我們期待達成什麼?
- (何時)我們該停止讓用戶免費使用平台,而開始推出計費或「免費及付費雙級制」的營收模式?

成效式契約
Performance-based Contracting
成果決定收費

38

類　型

　　成效式契約意味價格並非由面值決定，而是把成果量化，由顧客支付對應金額（什麼？為何？）。通常這筆錢包含所有相關費用，如營運及維修，所以顧客較能守住荷包（什麼？）。要強調一點：產品使用度與價格無關，這是與「按使用付費」截然不同之處。負責供貨的生產商往往和客戶的價值創造流程緊密相連（如何？），貢獻過去經驗的同時，也從及時掌握產品使用狀況不斷提升專業（為何？）。

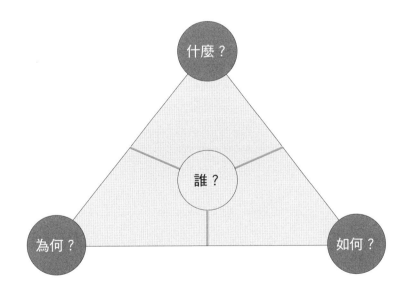

　　一條龍式的自有營運（integrated own-and-operate），是這類型的一種極端：產品雖已被乙公司買去，所有權卻仍屬於甲公司，也由甲負責經營（如何？）。與客戶密切的長期關係則消弭了相對提高的財務、營

運風險（為何？）。

起　源

　　此種模式源自公共基礎建設政策，20世紀中起開始的公私合夥（public-private partnerships, PPP），便是基於這樣一種概念。公私合夥乃公部門與私人企業的合作條款，前者授權後者負責公共工程，後者所拿到款項，則根據其完成多少要求而定（例如：建好幾座幼稚園）；換言之，成果決定費用。

成效式契約模式

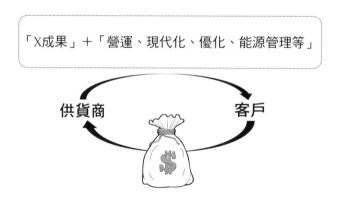

　　這種以成果論款項之風，隨即吹向產業界，英國飛機引擎製造商勞斯萊斯即為先鋒，1980年代初期，靠著「按飛行小時包修」辦法大獲成功：它賣的不是引擎，而是引擎每飛行小時的表現；至於引擎的所有權、維修，皆由勞斯萊斯一手包辦。這項辦法深受客戶歡迎，為勞斯萊斯賺進七成以上的營收。

創新者

成效式契約已被各種領域採用，化工大廠巴斯夫從1990年代末期推出的「單位費用」（cost per unit）模式即為一例：汽車塗料費用並非依照消耗總量，而是看完成了多少輛車（或模組）。巴斯夫並參與客戶噴塗過程，提供技術援助，協助改善效能，省下的成本都與客戶均分，製造雙贏。

美國大廠全錄，產品包括印表機、影印機及其他週邊產品，也提供各種文件管理服務。他們供應印表機、影印機給客戶，但仍保有產權。全錄龐大的維修資源與經驗讓成本下降，效率提升。換個角度說，全錄負責這些機器的供應及維修，客戶按影印張數付費。全錄卓越的專業，使它能以極低營運成本獲得更高利率。

生產Smart汽車的Smartville製造廠座落於法國，是由戴姆勒（目前：戴姆勒－賓士）聯手瑞士表商Swatch成立的合資公司。Smart小型車頗受歡迎，電動與汽油兩種車款皆有，Smartville為其提供現代化、高效能的製造流程：所有配備重要供應商都在這塊十字形廠區，Smartville內部生產率極低，僅占10%（而絕大多數供應商都座落在區內或附近）。

這種生產概念有效地把供應商融入製造流程，他們配合供應商的模組供貨體系接單生產，與供應商的密切關係，不僅溝通無礙，測試及供貨更迅速及時，現場無需長期庫存。廠商與供應商這種高效整合，可縮短生產時間，降低成本，提升合作效率，帶來更多營收。

採用成效式契約：何時？如何？

採用這種模式，你可將專業化為黃金，包括流程知識、維修技能、其他相關服務。當你的產品相當複雜，應用也頗多局限時，成效式契約特別好用。這頗能吸引不想預付費用的客戶，與那些渴望掌握成品確實成本的客戶。

深思題

- 我們的客戶真正需要什麼？
- 若提供成套的知識和服務給客戶，他們會覺得是額外的價值嗎？
- 客戶會希望成本結構透明化，好讓他們依照實際用量管理成本嗎？
- 我們該如何設計價值鏈，以提高完成率及可靠性？

刮鬍刀組
Razor and Blade
釣鉤和誘餌

類　型

　　刮鬍刀組模式中，基本品價格低於成本、甚至免費贈送；而基本品必須搭配使用的附帶品則價格不菲，遂成為營收主要來源（什麼？為何？）。這簡單高明的商業邏輯說明了此種模式，它有另一個名稱：「釣鉤與誘餌」，重點在藉著降低購買基本品門檻，以贏得消費者忠誠（什麼？），隨著消費者購買必要配件，收入自然滾滾而來（為何？）。

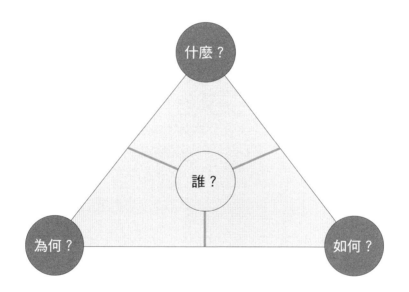

　　此模式的基本品成本須由配件彌補，所以當配件使用頻繁的情況下獲利最高（為何？）。換言之，公司賣的不只是基本品，更是配件在未來的銷售潛力；為確保這些潛能，必須設好防堵消費者買對手配件的退出障礙。常見策略包括為配件申請專利，或打造強大品牌（如何？）。刮鬍刀組模式經常與「套牢」策略搭配，就像雀巢 Nespresso。

起　源

　　要追溯這種模式的起源，得回顧久遠之前。先驅之一的洛克斐勒，19世紀末開始在中國販售廉價煤油燈；買了這種便宜燈，得再買不便宜的油才能把燈點燃，那個油，就產自洛克斐勒的標準石油公司。這套商業模式賺進的巨額讓洛克斐勒成為美國第一富人，之後更躍升全球首富。「刮鬍刀組」一詞，則來自另一家知名創業家：刮鬍刀片先驅金恩·吉列（King Camp Gillette）。吉列在20世紀早期發明了可換刀片，為了促銷，吉列把搭配的刮鬍刀柄送給各軍事機構與大學院校。銷售成績驚人，問世不過三年，吉列可拋棄刀片已售出逾1億3400萬片。順帶一提，吉列也說明了專利如何能有效強化刮鬍刀組的力道：吉列旗下，單單一個鋒隱系列（Fusion），便擁有七十多項專利，這讓對手幾乎只能望著利潤豐厚的刀片市場興嘆，很難分到一杯羹。

創新者

　　刮鬍刀組模式出現後這150年來，衍生出多種創新應用。1984年，惠普即將它用在ThinkJet，全球第一部個人噴墨印表機。與昂貴的工業印表機不同，ThinkJet只賣495美元，一般美國大眾都負擔得起；而惠

刮鬍刀組模式

標準 石油公司 (1880)	吉列 (1904)	惠普 (1984)	雀巢 Nespresso (1986)	蘋果 iPod/iTunes (2003)	雀巢 Special.T (2010)	雀巢 BabyNes (2012)

普的主要營收，則來自之後不絕的墨水匣業績。此一模式不僅影響當時整個印刷業，直到今天，仍是該產業最主流的營運模式。

　　雀巢膠囊咖啡Nespresso是另一個成功典範，這一套系統，是由便宜的咖啡機與要價不算便宜的咖啡膠囊搭配而成。二十多年前，刮鬍刀組模式現身咖啡市場，徹底改寫了業界邏輯，以往咖啡被視為單純大宗物品，沒什麼高價位或創新的空間。Nespresso的創新模式如此成功——僅2011單一年度，該公司營收便創下29億歐元之譜——雀巢遂繼續沿用至其他產品，如：茶（雀巢Special.T）與嬰兒食品（BabyNes）。

採用刮鬍刀組：何時？如何？

　　這個模式在B2C甚囂塵上，而未來，相信會有更多B2B企業加以運用，尤其售後服務；機械工業便是很好的例子。配合「套牢」手法，又會產生更強大的效果，目前已有許多公司利用這樣的模式，保護高獲利的售後服務及備件生意。想利用這幾種模式生財，得盡量拿到專利，並強化品牌力道。

深思題

● 我們可否在產品設計階段便加入某些特性及功能，來保障售後服務這塊業績（例如：某個須由原廠維修的遠距診斷設備）？

● 能否藉著難以複製的獨特零件，防堵對手模仿我們的服務或備件生意？

以租代買
Rent Instead of Buy
購買暫時使用權

類　型

「以租代買」一詞已說明一切，對消費者最大好處是，毋須負擔整個買下的費用，得以享用原本只能望而興嘆的產品（什麼？），也能將這筆長期資金拿去做別的投資（什麼？）。許多人非常喜歡這些優點——尤其對資本密集型的資產而言，透過這種模式，銷售潛力大為增加（為何？）。

提供以租代買的一個重要前提，是能先獲得融資，因營收必須等待一段時間（為何？），這一點與出租雷同，差異在於後者是按使用期間計算，前者則依照實際使用為基礎。以租代買和「按使用付費」兩者可靈活搭配，租車公司在顧客超出預先講好的里程數時會另外收取費用，就是這種例子。

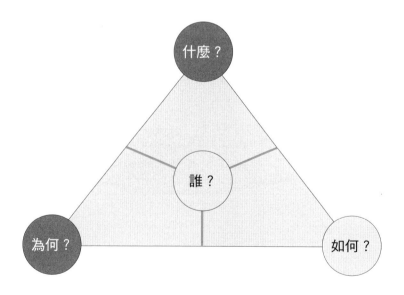

起　源

　　以租代買可謂源遠流長，有證據顯示，西元前450年，羅馬人即有出租家畜之習。之後又擴展到其他領域，如中世紀的貴族，把田地租給農人換取作物（什一稅），當然，這種「租金」絕非出於自願，而是依當時社會階級——神職、貴族、平民——發展出的安排。如今，出租主要見於不動產，在德語系國家，一半以上公寓屬於出租。

創新者

　　這麼長一段時間，以租代買也激發出近期一些商業模式，就像19世紀末、20世紀初出現的汽車租賃，喬‧桑德斯（Joe Saunders）即一位知名先驅：1916年，桑德斯開始把自己的福特T型車租給商界人士，1英里10美分的收入就拿來保養車子。憑著生意人頭腦，桑德斯隨即意識到其中的廣大商機；到了1925年，「桑德斯體系」（Saunders System）

以租代買：P2P（個人對個人）汽車共享演變

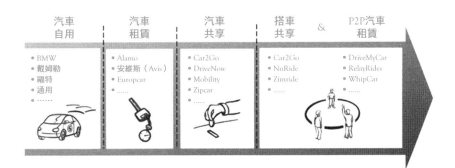

汽車租賃公司已遍佈全美 21 州。

另一個成功的創新，來自影印機製造商全錄（當時還叫做哈羅德攝影有限公司 Haloid Photographic Company）。1959 年上市的全錄 914 型，是首部採用乾式影印技術的商用自動影印機，為影印帶來天翻地覆的革命；以往一天只能印個 15~20 張，如今可輕鬆印出數千張。但 914 型售價太高，市場相對受限，全錄便決定採用出租模式，95 美元一個月。需求一飛沖天，以致幾年後甚至供不應求。《財星》（Fortune）雜誌稱全錄 914 型是美國有史以來銷售最成功的一款商品。

百視達（Blockbuster LLC）是出租影音光碟與線上影片的美國公司，巔峰時期，全球有 17 個據點，員工多達 6 萬人。可惜因競爭劇烈加上經營不善，公司嚴重虧損，2010 年宣告破產。

瑞士的 CWS-boco 創於 1908 年，從事工作服供應與清洗。它提供的清潔衛生服務，全面方便，可買可租，客戶往往更偏向租用模式。

FlexPetz 是美國一家寵物用品店，曾想出一項頗具爭議的服務：提供寵物短租，讓客人免去伴隨撫養的責任與費用；有興趣的顧客要接受過濾，以確保動物安全。但後來業者基於法規，擔心此舉宛如鼓勵「可拋棄寵物」觀念，便停止了這塊業務。在這出租模式的構想中，顧客付費與寵物相處，可為公司源源挹注收入。

即便已採用出租模式，仍可因為更好的裝配、專業、營運而更上一層。多數滑雪勝地都可見滑雪出租項目日益發燒——彈性更多，複雜度降低，舒適性更強，是吸引更多客人的原因。「奢華寶貝」（Luxusbabe）與「租個朋友」（RentAFriend）也都善用此模式：客人得以低廉價格租用名牌包，甚至一位朋友。

採用以租代買：何時？如何？

這種模式用途廣泛，如果你的產品是採固定價格，不妨考慮改用出租。實際上，此舉頗符合潮流所趨：人們想用某樣東西，但不見得想擁有。這股源於消費性產品的趨勢已延燒到汽車業，隨即可能擴展到更多領域。

深思題

- 我們的顧客是真的很想擁有我們的產品，還是只要使用就好？

- 我們該如何融資產品，持續挹注現金流？

- 我們有哪些品項可用出租取代販售？

- 這能為顧客帶來什麼價值？

收益共享
Revenue Sharing
共生互利，你贏我也贏

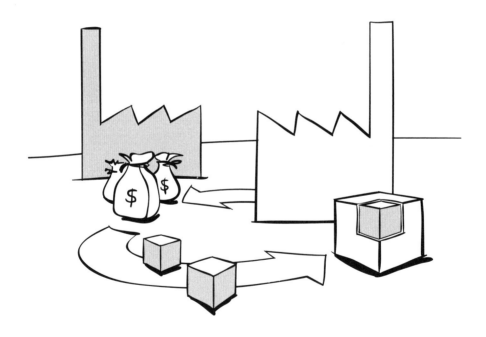

類　型

收益共享模式是說：個人、群體或公司互相合作，分享收入（什麼？為何？），常和網路慣用的聯盟手法搭配（例如：某電商網站透過聯盟廣告向消費者介紹某商品，而後憑「點擊」獲得報酬），前者賺得收入，後者則享有被轉介而來的廣大顧客群。有的方法鼓勵個人線上登錄，合作完成某事，分享所得獲利；有的鼓勵用戶上傳內容，連上自己的橫幅，再根據「點擊」或「印象」次數分配廣告營收。

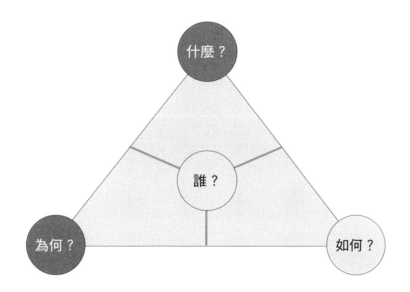

此種模式有助於打造策略聯盟，拓展顧客群，繼而提高收入與競爭力，可做為降低物流成本的一種手段，風險也能由其他利益關係人一起分擔（為何？）。收益共享模式成功的前提是，有一方必須增加收入，再藉著與他方分享邀其合作，以產生共生互利關係。

起　源

　　此一模式最早出現的證據約在公元前810年，威尼斯商業開始繁茂，兩方形成所謂「康門得」（commenda）合約一起銷售貨物：通常，一方是駐在威尼斯的商賈，負責出資，另一方則是運貨至各港口的旅遊商人；風險及利益分攤都事先定好：前者扛起資金風險，後者投資勞力，獲利則依3：1比例分——出資人得3。

　　法國第一個收益共享的嘗試是在1820年，法國國家保險公司（French National Insurance Company）開始提撥部分利潤做為員工薪資。隨後各行各業多家公司跟進。哲學家約翰‧穆勒（John Stuart Mill）與羅伯‧哈曼（Robert Hartman）提出的這個概念逐日受到推廣；哈曼主張，收益共享將使員工對公司產生更強的認同感，提高動力，刺激業績。

創新者

　　1994年，奧林兄弟（Jason and Matthew Olim）創立CDnow網站，為音樂愛好者提供眾多影音光碟。成立三個月後，他們推出「線上買」（Buy Web）方案，可說是當今所謂「聯盟行銷」的鼻祖：音樂大廠或獨立創作者，都可將音樂（隨後影片也跟進）連結至此銷售；為鼓勵加入，CDnow與各方訂定收益共享合約，在此賣出的聯盟商品收入，夥伴可分得3%。此舉一出，夥伴數目激增。

　　美國消費電子製造商與線上服務供應者蘋果公司，同樣以此應用在App Store跟iTunes Store。程式開發者把自己創作的應用程式上傳到App

Store，或免費，或自定價格；核可後便在App Store發行，營收三分之一歸蘋果。iTunes Store也持類似原則：音樂人或廠牌上傳音樂，消費者購買下載的收入2：1分：蘋果拿2。這兩個平台帶來極大綜效：App Store應用程式的選擇極其豐富，每筆分紅持續挹注營收，且讓更多消費者因此想買蘋果手機。蘋果受益，想推廣自己開發的程式工程師也同樣開心。

2006年創於舊金山的HubPages，是個用戶原創內容的收益共享網站。寫手們分享各自以雜誌風格寫成的文章。內容五花八門，時尚、音樂、藝術、科技、商業都有，作者貢獻文章外，也多有提供相關影片照片。HubPages已入榜全美流量最大網站前五十，營收來自收益共享模式：可點擊廣告放在用戶網頁，所帶來的收入就與HubPages分紅。

收益共享：蘋果公司，iTunes，應用程式

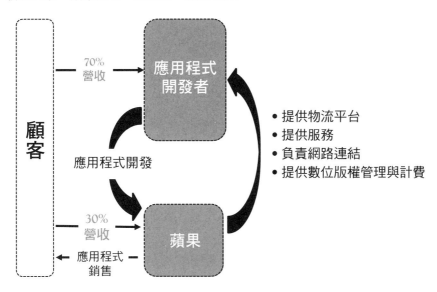

　　根據此一概念，不少服務商與顧問公司，也開始考慮根據服務價值定價：對客戶而言，比較毋須擔心這筆昂貴費用是否值得；顧問公司這邊，則得以和客戶建立更積極的關係。

採用收益共享：何時？如何？

　　隨著價值鏈日趨細分、開放、相互依賴，收益共享的重要性也不斷的提高。無論你身處何種產業，B2B 或 B2C，皆可透過策略聯盟降低風險。

深思題

● 以我們的商業模式，誰適合做為夥伴？

● 怎樣的產品結合才能創造綜效？

● 我們的合夥概念是否有助我們由綜效受惠？

● 能否以簡單的流程機制，讓大家輕鬆分享獲利？

● 聯合品牌（co-branding）所創造的外溢效果，是正是負呢？

逆向工程
Reverse Engineering
以對手為師

42

類　型

　　逆向工程這種模式是仔細研究某種現存技術或對手產品,再發展出類似或相容的東西(如何?),因為幾乎沒有研發成本,價格相對低廉(為何?)。逆向工程且不限於產品勞務,還可用在例如整個營運模式上:把對手的價值鏈分析透徹,進而套用其經營原則。

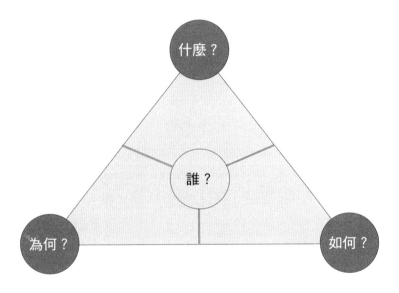

　　這樣模仿的好處是,可放棄華而不實的外表、以便宜零件代替昂貴原料,將市場成功產品帶到一塊原本不想或無力負擔原始高價品的顧客群。因為有別人打頭陣的前車之鑑,模仿者頗有機會做出同等水準的東西(什麼?),目標不在取得「先發優勢」,而是優化既有產品。

　　如此模仿也可能侵犯到原創者的智慧財產權,所以務必先釐清相關的專利執照問題,以免踩到法律紅線,陷入曠日費時的昂貴訴訟(如

何？）。也要留意專利到期日，若已過期，原創者就失去控告他人模仿的立場。

起　源

　　逆向工程原本主要是軍事概念，更狹義的用法則始於第一、二次世界大戰，當時，科技進展快速，交戰雙方都有了解對手武器設備及運輸系統的戰略需要，便經常使用逆向工程來分析手中拿到的敵方設備，提升己方武裝戰力。二次大戰結束後，原東德也藉由類似手法改造某些電腦應體技術。

逆向工程模式

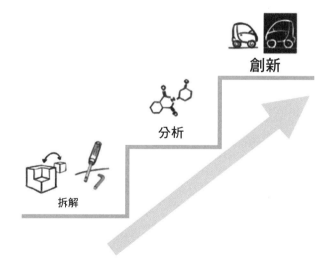

　　就汽車領域來說，日本車廠如豐田、日產（Nissan），最早也是購買西方汽車加以系統研究，以了解如何製造高品質的車子。一輛一輛拆解，分析所有零件的功能、結構、特性，這就是 1970、80 年代日本汽車模仿西方的手法。日本文化原就擅長學習改進，再透過持續改善（Kaizen）、品管圈（quality circle）這類系統方法，豐田等車廠終於趕上西方國家。

創新者

　　中國汽車產業中，可以找到許多逆向工程的創新案例。僅在幾年前，中國車市品牌不超過 12 種，如今市場雙位數持續成長，車型遠遠超過百餘種，往往與西方對手如奧迪、賓士、斯柯達（Skoda）旗下車款有驚人的相似。華晨中國汽車（Brilliance China Auto）便是採用逆向工程的鮮明例子，它原與 BMW 合資，為 BMW 生產汽車，後來開始推出自有車輛，設計顯然深受其德國夥伴之啟發，某些零件、技術是 BMW 的發揚光大。這項策略對中國製造商極為有利，他們得以極具競爭力的價格創造銷量。研發費用有限，成本壓到極低，華晨汽車遂能比原創品牌低廉許多。

　　瑞士註冊成立的 Pelikan，運用逆向工程概念，生產鋼筆、原子筆、紙張、工藝材料、印表機配件、辦公室用品。1990 年代初期，該公司開始生產與市場當紅印表機同款的墨水匣，定價極低；一來它沒有龐大的研發成本，二來沒有補貼低價印表機的負擔。其墨水匣品質不遜於名廠，很具吸引力，再加上低價策略，很快便衝出銷量與營收。

　　瑞士 Denner 連鎖超市販售各式折扣商品，而除了自有品牌的生

鮮用品之外,它也開始賣能與雀巢Nespresso機器相容的咖啡膠囊。
這些膠囊比較便宜,可以接觸到廣大客群。Denner透過逆向工程分析
Nespresso膠囊,重行設計,注入各種口味的咖啡,以較低價位擺在店內
販售。再者,不像雀巢Nespresso只在特定通路鋪貨,Denner膠囊透過
旗下各店接觸到更多消費者,業績跟著水漲船高。

採用逆向工程:何時?如何?

車廠、藥廠、軟體公司都常採用逆向工程,這種模式好處很多,像
是省下研發的費用時間、取得已獲市場認可的產品的知識技術、讓原廠
或生產文件已不在的產品得以再度問世。3D掃描列印又將使逆向工程
的應用更加廣泛。

深思題

- 我們能從各產業成功案例學到什麼?
- 我們如何取得對手品牌的合法模仿權?
- 哪些部分是我們能學到最多的?
- 我們如何學到領導品牌的產品功能與成本控制?
- 我們如何回應大眾對逆向工程手法的抨擊?
- 逆向工程經常遊走於法律邊緣,我們如何掌握分寸?
- 我們如何將所學巧妙轉載至我們的產品與公司?

逆向創新
Reverse Innovation
以夠好的東西為師

43

類　型

逆向創新的商業模式中，原本針對發展中國家的產品，經重新包裝回銷至工業化國家（如何？），像是使用電池的醫療器材，或原為發展中市場設計的車輛。背後邏輯是，為新興經濟或低收入市場研發的產品，多須符合相當嚴格的要求：首先，成本必須是富有國家定價的一小部分，當地消費者才負擔得起；第二，產品功能也得合乎已開發市場的標準。

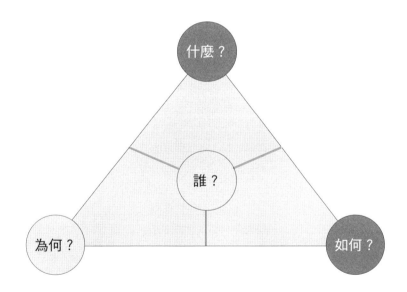

如此弔詭的情況，往往逼出完全不同的做法，可能也會讓已開發市場的消費者大為驚豔（什麼？）。以往的常態是，新品由西方國家實驗室做出，之後再推廣到較落後國家（透過「全球化」）。逆向創新卻剛好相反：新品由較落後地區研發出來，經全球商業化賣到已開發市

場（如何？）。這完全有違某些經濟法則，像是雷蒙‧弗農（Raymond Vernon）教授於1960年代提出的產品生命週期理論：產品應由知識、資本密集的先進國家研發，由低薪資國家生產。

起　源

此一模式起源於1990年代，當時包括中、印在內，昔日的低收入國家正逐步成為新興市場。過去幾年，各跨國企業在這些國家成立研發部門，為當地消費者帶來創新產品；而令他們訝異的是，這些新品在已開發市場竟也大受歡迎。逆向創新模式由此誕生。

美商跨國集團奇異是公認的逆向創新先鋒，2007年，它在中、印市場推出一款可攜式心電圖儀器，可接筆記型電腦，售價僅一般超音波儀器的十分之一。幾年後，奇異將這項產品推進已開發市場，包括法國、德國、美國在內，全都賣得嚇嚇叫。

逆向創新模式

創新潛能的移轉

工業化國家　　　　　　金磚四國

創新潛能的移轉

創新者

奇異之外，採用逆向創新的公司所在多有，芬蘭的電信商諾基亞2003年推出的諾基亞1100型即為一例。這款低價手機乃瞄準印度內地的窮鄉僻壤，捨棄了彩色螢幕、相機這類昂貴配備，依當地所需設有手電筒、鬧鐘、防滑手把。繼印度市場熱銷之後，諾基亞1100也立即走紅工業化國家，實用無華的簡單功能很對不少顧客的胃口。1100型成為當紅炸子雞——共賣出超過2億5000萬支，儼然成為全球最賣的消費性電子產品。

Dacia Logan也是一例。法國車廠雷諾（Renault）設計生產的這款低價車只要5,000歐元，原是瞄準東歐市場的低收入消費者，尤其羅馬尼亞。Dacia Logan採用廉價的設計與製造技術，勞工密集的裝配流程則在低工資國家進行。羅馬尼亞大賣之後，轉入已開發市場，結果後者為Dacia Logan全部業績貢獻三分之二，2006年問世以來共計賣出20萬輛。

中國電子公司海爾集團以此模式，生產一款專賣農村的小型洗衣機。1990年代近尾聲時，海爾推出「小小神童」迷你低價的選項，在內地一砲而紅，海爾稍加改款賣到海外，也是成績斐然。小小神童共在至少68國，衝出200萬部以上的銷量。

要將原本專攻中國市場的商品轉賣到已開發市場，通常也要開發出新的市場區隔。拿技術性的醫療產品來說，中國市場的規格往往非常簡單；這種只提供基本功能的產品，俗稱簡約產品（frugal products）。西門子便為這塊市場的產品研發訂出SMART原則：Speedy（快速），Maintenance-free（易維修），Affordable（經濟實惠），Reliable（可靠），Timely（及時上市）。當這些為了中國消費者設計的產品銷到已開發國

家，往往能打開新的市場區隔，比如相當便宜的超音波儀器不再限定醫院使用，可以帶到野外。同樣產品，成本驟降，便能激發全然不同的用途與市場。

採用逆向創新：何時？如何？

這是一種相對新穎的策略，假如你有傑出的創新研發能力，又置身中、印等新興國家，這種模式就很適合你。而你若身處富有市場，產業面臨龐大的成本縮減壓力，逆向創新也可能是條出路。截至目前，醫療科技產業帶來不少創新案例，其他產業想必也將陸續跟進。

深思題

- 我們在新興市場的創新研發能力夠強嗎？
- 我們能有效保護我們的智慧財產權嗎？
- 在中、印市場，我們該怎樣防止知識外洩給當地對手？
- 我們的簡約產品能否移轉到富有市場？
- 對西方世界常見的「非我族類」症候群（「這種專為中國設計的產品歐洲絕對賣不出去」），我們是否已有因應之道？
- 當我們的產品移轉到富有國家，勢必面對市場差異及新的區隔問題；我們可做足了準備？

羅賓漢
Robin Hood
劫富以濟貧

44

類　　型

　　要為此模式命名，大概沒有比「羅賓漢」更傳神的了；在這種模式之下，賣給「富人」的價格遠比給「窮人」的高出許多，主要獲利就是來自這群富有顧客。低價服務窮人，通常沒什麼利潤可言，但可創造出的經濟規模，其他供應商恐怕望塵莫及。再者，此舉能為公司營造正面形象。

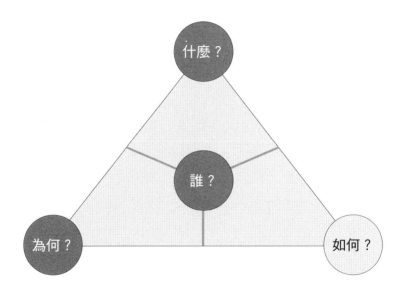

　　循著羅賓漢的腳步，秉持這種哲學的企業以富養窮，希望讓處於經濟弱勢者也能享用某些產品或服務（什麼？）。從富有客群那兒賺到的收入拿來補貼弱勢這塊，價格非常低廉，有時甚至免費（什麼？誰？）。後者得到支持，前者心安理得（什麼？），而實踐羅賓漢理念的公司則博得好評（為何？）。

起　源

　　羅賓漢傳奇雖來自中世紀，卻要等到差不多1970年代，才開始演變成商業模式，主要是因為企業的社會責任意識漸增，即所謂「企業社會責任」。印度的亞拉文眼科保健醫院便是先驅之一。文卡塔斯瓦米醫師在1976年成立亞拉文眼科，致力於解決印度人民可以治療的眼盲問題；這類盲人中，六成因為白內障所致，動手術即可治癒，可惜多數印度人民無法負擔這筆費用。

　　為消弭此種社會不公，文卡塔斯瓦米醫師創立如此一種模式：富有病患須支付手術全額，窮人則量力而為，意謂有時是無酬行醫。富有病患帶來的收入用以貼補窮人手術，而後者的龐大人數擴大了醫院設施，締造規模經濟。此一模式成果著實驚人：儘管亞拉文醫院手術病患有三分之二免費，依然獲利連年，至今實施手術超過200萬刀。

創新者

　　此後，將這種模式發揚光大的企業不在少數，設在加州聖塔莫尼卡（Santa Monica）的鞋商TOMS便是其一。該公司成立於2006年，創辦人布雷克‧麥考斯基（Blake Mycoskie）因曾旅遊拉丁美洲，驚見當地居民多無鞋可穿，即便有，品質也極差，長期刺激結果，很多人罹患足塵埃沉著症（podoconiosis），俗稱「苔狀足疣」（mossy foot）。於是麥考斯基成立TOMS，希望終結這種局面。該公司推出「賣一捐一」活動（One for One）：每賣出一雙鞋，TOMS旗下非營利機構Friends of Toms也捐出一雙給一名窮人。TOMS鞋款設計乃根據阿根廷傳統布鞋

（alpargata），營收來自已開發市場，每雙定價50~100美元，幾乎為生產成本的兩倍之多——消費者卻似乎全不在意：TOMS成立才四年，便已在全球25國售出逾100萬雙布鞋。其後推出的眼鏡服飾，為善舉創造更多收入。

OLPC計畫（One Laptop per Child, 每名兒童一部筆記型電腦）也是一個成功典範。2005年成立，總部設在邁阿密的這個非營利組織，旨在提供發展中國家兒童每人一部XO-1電腦，幫助學習，源自麻省理工學院教授尼可拉斯·尼葛洛龐帝（Nicholas Negroponte）領銜的一項教育研究，該研究目標即：協助低收入國家兒童取得知識、資訊及現代溝通工具，以打造更好的未來。這部XO-1筆記型電腦是OLPC計畫的核心，成本只要100美元，完全為了低收入國家學校教育所設計。為了快速將電腦推及全球，OLPC推出與TOMS類似的活動：捐一部，得一部（Give 1 Get 1）；美加地區的消費者只要捐出399美元（外加運費）即可獲得一部XO-1筆記型電腦，同時也有一部類似電腦將送至開發中國家一名兒童手中。如今OLPC則專注於募款，不再賣給已開發國家的消費者。

羅賓漢模式

亞拉文眼科保健體系 (1976)　每名兒童一部筆記型電腦 (2005)　TOMS鞋 (2006)　Warby Parker (2008)

美商眼鏡公司Warby Parker（有度數眼鏡與太陽眼鏡）採用羅賓漢模式，為顧客提供高品質眼鏡，也同時協助有眼鏡需要的弱勢者。在已

開發市場每賣出一副眼鏡，Warby Parker便撥一定比例到合夥的非營利組織，如VisionSpring；這些夥伴也協助開發中國家進行人員訓練及眼鏡製造。因為主要生意來自線上，Warby Parker得以降低人事費用、跳過零售通路，以較便宜價格提供眼鏡獲得營收成長，進而捐助更多給夥伴組織。

採用羅賓漢：何時？如何？

如果你的主要市場有穩定顧客，能有效運用資源把產品（或調整版本）提供給低收入客層，那麼，就頗適合採用羅賓漢模式。此一模式有兩個主要目的：一來提高聲譽，二來可策略性耕耘未來業績。目前絕大多數的公司，都看到未來成長會在現在的低收入經濟體；到了2025年，超過18億人口將加入全球消費族群。羅賓漢模式有助你從此刻起，與這些低收入客群開始建立穩定持久的關係，當他們成為新興消費者，今日的耕耘便成為明天重要的競爭優勢。

深思題

- 我們能把產品與服務提供給低收入消費者嗎？
- 我們如何穩當而永續地維持這塊市場區隔？
- 我們可有方法補貼這塊市場，或降低成本調整產品？

自助服務
Self-service
讓顧客自己動手

45

類　型

　　自助服務將產品一部分的價值創造交給顧客，換取較低的價格（如何？），格外適合一些成本高卻沒為顧客增加多少效益的流程。而除了能降低成本，客人也往往發現自助省了他們的時間（什麼？），某些情況甚至能提高效能，因為可以迅速實施某個提高價值的步驟，更能對準目標客層。

　　典型應用包括：從架上自取貨物、自行規劃專案、自行結帳等。自助生意的省錢空間可觀，客人自己的勞動也常能取代為數不少的職位設置（為何？）。

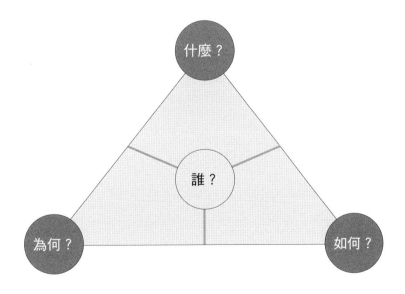

起　源

　　這種模式起源於美國，時間約在20世紀初，原本客人進小型雜貨店都等老闆取貨，現在得自行去架上找。這種自助概念的發展，與工業化帶來的產能及效率提升脫不了關係，甚至有傳說認為，就是有一次客人等得不耐煩，乾脆自己動手到貨架拿東西，自助服務就此衍生。沒多久這成為北美常態，瑞典和德國則是率先有自助商店現身的歐洲國家，時間就在二次世界大戰結束的1930年代。

自助服務

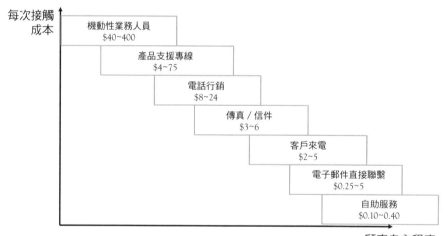

創新者

　　隨著人們對效率的期待提高，自助模式也從零售業四處擴散。瑞典

家具商宜家這個例子如果不提，就顯得我們漫不經心。宜家生產組裝家具、用具、家飾品，它讓顧客購買自行組裝的產品（床、桌椅等）回家，使客人成為公司價值創造流程的一個環節。宜家產品陳列在銷售樓層任客人四處瀏覽，決定購買時，顧客須下樓到倉庫取貨（「扁平包裝」），回家自行組裝。這樣的自助模式，為宜家省下可觀的物流及生產成本，極具競爭力的價格則帶來豐厚營收；扁平包裝所占空間相對很小，更讓宜家的庫存成本較對手低上一大截。宜家這個商業模式，如今已有無可撼動的教主地位，而七十多年前推出時，卻讓整個家具產業徹底翻轉。

另一個大大有名的自助業者，就是速食餐廳麥當勞，它登上世界最大連鎖店之一，主要便是仰賴自助模式。全球超過110個國家的所有麥當勞，包括自營與加盟，全部提供標準化菜單，有漢堡、吉士漢堡、雞塊、薯條、早餐、飲料和甜點。大多數情況下，顧客從櫃檯點餐，隨即帶著餐點找座位坐，沒有侍應生；有些餐廳且提供其他自助選項，像是得來速（包括開車與步行兩種：drive-through, walk-through）。麥當勞專注核心，提供有競爭力價格的速食，節省各項人事成本，遂能引來更多顧客，提高獲利。

自助概念也被引用至烘焙業，德國以BackWerk為先鋒。這間烘焙店不提供按客人指示拿商品的傳統服務，琳琅滿目的產品擺在透明的活動箱，任客人瀏覽，以店內提供的夾子把挑好的東西放在盤裡，直接拿到櫃檯結帳。顧客執行了價值創造的某些環節，BackWerk只需提供最基本的服務（例如收銀員），人事成本大幅縮減，產品價格能比對手少上30~45%左右。BackWerk因此一鳴驚人，目前門市超過285家。

旅館業也可見自助蹤跡。法國雅高集團（Accorhotels）便將此用在

旗下經濟型旅館宜必思（ibis）。宜必思的房價低廉，館內服務人員較少，但有效率頗高的自助設備。客人來到宜必思，到一個類似自動販賣機的站前拿房間，沒有專業接待人員；在此付了款，取得鑰匙，自己帶行李去房間。館內其他服務也多採自助，如：商務中心（自助影印機、傳真機、Wifi），早餐，飲料，報紙等。因為這種模式，雅高的人事成本遠低於對手，遂得以低價吸引眾多住客。目前宜必思旅館有600家左右，12國有據點，大多數仍位於法國。

採用自助服務：何時？如何？

當顧客不介意多做點事來換取低價，自助模式就很適合。而若生產流程有某個DIY（自助）元素能讓顧客感到有趣，像是T恤由客人設計圖案，也適合採用自助。從顧客立場仔細分析這種模式的潛能，是藉此成功的不二法門。

深思題

- 相較於提供完整服務的對手，我們如何定位？
- 我們該如何為自助服務定價？
- 我們提供的，是顧客期待的效益嗎？
- 對這樣的服務體驗，客人會認可嗎？
- 我們如何確保整個流程有確實納入顧客意見，能徹底執行？

店中店
Shop in Shop
站在巨人的肩膀上

46

類　型

　　店中店模式是說，零售商或服務商在另一家公司的零售空間中，設置獨立門市（如何？），通常有權挑選自己的商品、設計自己的空間，自有品牌的行銷毋須做任何犧牲。這樣的組合能產生很有價值的綜效，雙方皆贏：房東受惠於小店名號吸引來的人潮；小店受惠於能在一個熱門購物中心或辦公大樓設點、便宜的租金或雇員。經驗證明：融入另一家企業的建物開店，不僅比打造獨立門市來得便宜有彈性，有時更能因此打進一個很難設點的熱門商區（為何？）。

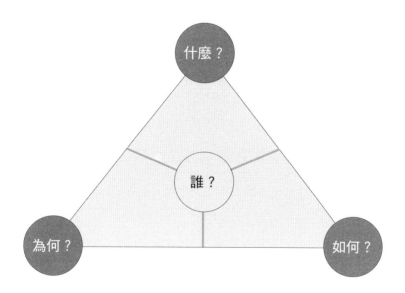

　　房東企業的常客，顯然會是小店的目標客戶，而它把空間出租，自己也頗蒙受其利：顧客可能因為這些小店帶來的附加價值而更具忠誠度（為何？）；它還有租金收入落袋，也毋須為商品挑選陳列傷那麼多腦

筋，那些小店自會處理（什麼？如何？）。對顧客來說，店中店提供了
繽紛的產品選項、一站搞定的便利購物（什麼？）。而這種合作條款，
從一般的租賃合約到創新的加盟概念，種類頗多。

起　源

　　這種模式由來已久，可溯及古羅馬時期、眾多商家群聚的圖拉真市
場（Trajan's Market）。現代版則從20世紀初的美國開始，許多商店進
駐購物商場提供的零售空間；而後一些專門店開始在其他商家，租下一
塊區域獨自經營，確立了店中店的經營模式。

店中店模式

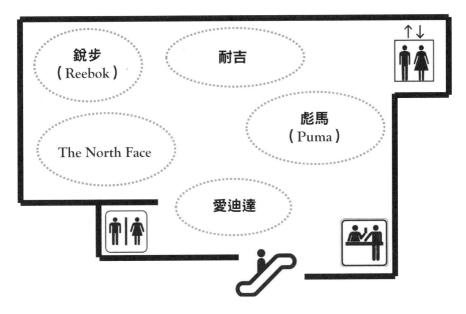

創新者

　　德國製造商博世，稱得上是店中店最知名的創新先驅。這家電子工程企業，生產各項工業產品如：建築材料、電力工具、家電用品。約莫在千禧年初，博世注意到愈來愈多「無名」對手進入市場，以廉價吸走了不少逛五金行的消費者；這些來到五金行找工具的客人多半對產品沒什麼具體概念，明顯價差很快就讓他們放棄了較貴品牌。但實際上，多數客人很希望現場能有詳細資訊，幫他們了解這些琳瑯滿目的工具各有什麼特性。受此激勵，博世開始發揮店中店概念，把某些點設在其他商場內，在這塊專屬空間做出品牌識別，架上也擺著特殊的廣告資料。在這裡，客人可以進一步了解博世商品，獲得詳細諮詢。博世定位從此突出於眾家「無名」對手之上，消費者也很高興有博世員工為他們專業解說，成果反映在博世的業績成長、顧客買對東西的滿意度增加，另一方面，做為店中店的房東企業，則樂見博世帶來的附加價值，並笑納租金。

　　德國郵政（Deutsche Post）也是一名應用者。郵局維持成本龐大，隨著民間遞送及物流、電子郵件的蓬勃發展，郵局業務深受威脅，經營支局往往無法賺錢，於是德國郵政開始在各超市、購物中心設置服務台，收遞包裹信件，讓顧客充分享受眾多據點帶來的便捷。透過這種店中店合夥設點，德國郵政不僅拓展了普及度與服務，也提高了顧客量與營收。

　　加拿大連鎖餐廳Tim Hortons Inc.原是咖啡與甜甜圈專賣店，現在也供應酥餅、貝果、蛋糕類。它是加拿大速食業者龍頭，數千家門市遍佈全國，海外也有一些據點。除了自有的標準餐廳，它也把生意開在許

多地方，諸如：機場、醫院、大學等人潮洶湧之處，為消費者帶來方便的同時，也增加品牌曝光度。透過店中店模式，Tim Hortons省下不少人事開銷，得以不斷拓點，廣增客群，提高收入及獲利。

店中店手法也見諸德國咖啡零售商Tchibo。Tchibo連鎖門市不只賣咖啡相關產品，也賣各式消費性產品甚至服務，從服飾、電子產品、家用品，到手機合約、旅遊保險，應有盡有，而它很多據點是設在超市等零售商場內的一塊區域。Tchibo為這些小點談到頗為有利的合約，為品牌奠定獨特定位、廣拓客群的同時，也有效縮減成本。

採用店中店：何時？如何？

如果你有透過通路或中間商賣東西，不妨考慮採用這種模式。店中店增加商品與顧客面對面的機會，有助於提高品牌識別度，而你也可藉此徵詢顧客的意見。

深思題

- 我們能否透過銷售管道來增加能見度？
- 我們如何提高品牌與產品的識別度？
- 我們該運用何種平台或通路曝光？
- 哪些合作夥伴適合我們的調性、品牌、能力？

解決方案供應者
Solution Provider
全部需求一次滿足

類　型

　　解決方案供應者，就是以單一資源，提供特定領域完整的產品勞務（什麼？）。一般除了一切必要的供應與零件，也提供客製化服務及諮詢。目的是給顧客一整套服務，幫他們處理某方面的工作或問題；客戶遂能夠專注於核心業務，進而提升業績（什麼？）。這種模式特別適合想把整塊專業領域外包出去的客戶，例如把網路業務外包給線上服務提供者（ISP），或把國際快遞包給運輸公司。對提供解決方案者來說，最大好處是可因此強化顧客關係（為何？）。

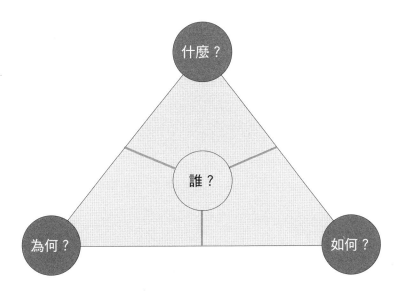

　　提供解決方案的公司，往往扮演客戶求救的單一窗口，客戶端的效能與成果因而得以提升（如何？）。若能進一步成為全方位的解決方案供應者，即可從新的業務領域挹注營收。能洞悉客戶所需與習慣，就可

以之改善產品與服務的提供。

起　源

　　理論上，這種概念可用於任何領域，但事實上它源自機械工程。該產業淡旺季十分明顯，多數公司需設法開創產品銷售以外的收入，海德堡印刷機（Heidelberg Printing Machines）即為一例。過去15年來，該公司完成驚人蛻變，從一傳統印刷機製造廠，搖身成為全方位解決方案供應者，販售項目不只機器，更涵蓋與生產印刷品有關的整個流程。換言之，海德堡除了販售印刷機，也提供諮詢監控服務，協助客戶改善印刷流程。它是全球單張紙膠印解決方案的第一把交椅。以往，機器銷售占公司收入八成，目前滑至六成，其餘四成來自服務性業務。

創新者

　　近年來，此種模式日漸受到重視。純粹織布起家的紡織公司Lantal Textiles，現在是跨國紡織品解決方案供應者，客戶包括：航空公司、客運公司、鐵路、遊輪。執行長烏斯‧李肯巴克（Urs Rickenbacher）指出，該公司「持續在蛻變：從單純生產美麗織品的紡織公司，漸漸成為幫客戶設計全面解決方案、並且加以執行的全方位供應商。」Lantal Textiles的產品組合除了單品之外，更有為旅館、運輸業規劃的完整解決方案，且附帶額外服務。客戶得到的室內設計配套，包括創新研發、健康安全考量、運輸、存放、保養、新品通知。如此周全的服務項目不受淡季影響，為公司持續挹注營收。秉持這樣一個解決方案供應者模

式，Lantal Textiles穩穩創造藍海，成為市場領導者。

世界貿易集團領導品牌福士，在本業螺絲起子之外，尚有12萬種組裝連接配件與工具。技師們在福士可找到一切所需，甚至有些情況根本無需費心，消耗品用罄之前，福士已自動補貨。僅僅一個世代，福士從兩人公司變身為員工超過66,000名的解決方案供應者，營收達100億歐元。目前該公司正努力將此成功模式移植到蓬勃的亞洲市場。

瑞士包裝公司利樂（Tetra Pak）也經歷成功轉型，為客戶提供各種產品組合、流程、包裝與食品運送。客戶可獲得一步到位的全方位解決方案，從產品說明會（食品和飲料）到最終處理及包裝。利樂除了研發包材，也設計裝瓶廠與包裝廠；它的創新無菌處理技術，延長了飲料食品的架上壽命，降低了物流倉儲成本。藉此單一窗口提供全面解決之道的模式，利樂憑其效能與成本效率，成功吸引眾多客戶，穩保營收及高利潤。利樂營運據點遍佈170餘國，員工總數超過23,000名。

3M的研發創新能力，向來為人稱道，而在2010年，該公司於德國成立3M服務公司，邁出成為解決方案供應者的第一步。這家公司以單一窗口提供與3M產品相關的服務，雖然核心是3M琳琅滿目的創新產品，服務卻由夥伴企業提供。這讓3M服務的觸角探至以往不曾到達的市場；它所提供的便捷、合乎成本效益的服務—產品搭配，更遠勝多數對手。而且，這還降低了淡季影響，全面提升了收入與獲利。

Best Buy的「奇客分隊」所採的商業模式是：為所有電子產品提供技術支援、解決疑難雜症，全年無休，深入專業。產品項目無所不包：電腦、手機、印表機、遊戲機、網路照相機、DVD、MP3等。顧客有任何問題，奇客分隊全力設法解決。公司內部這批訓練精良的專家，隨時可透過電話或線上提供協助。想得到這樣的技術支援，入會辦法有幾

種：固定月費、保險方案或維修服務。奇客分隊似乎洞悉現代消費者對日益複雜的電子產品無可奈何的恐慌。Best Buy 主要設在美國，雇員超過 2 萬人，1994 年成立以來一直有著雙位數的成長率。

解決方案供應者模式

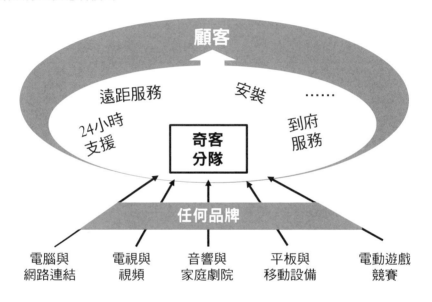

採用解決方案供應者：何時？如何？

當顧客認為你應該延伸你的產品、服務時，也許你該考慮成為解決方案供應者。售後服務是很適合的領域，像電梯這種產業，售後服務的重要性及獲利性都比全新安裝來得高。為顧客整合各家供應商不同產品（服務），則是另一個頗有潛力的應用區塊。

深思題

- 我們若把更多產品和／或服務加以整合，顧客會覺得有為他創造更高的效益嗎？

- 在產品創新初期，我們是否就能規劃之後的售後服務——例如機械工業中的預防性維修、遠距診斷？

- 隨之而來的複雜性，我們有沒有能力應付？

- 若我們在擴大產品組合的過程失去特殊擅長領域，該怎樣挽回原本淵博專業的地位？

訂　閱
Subscription
一票整季用到底

48

類　　型

　　訂閱模式讓消費者能固定收到商品。業者與顧客簽訂合約,同意服務週期與期限,顧客可預先付款,或定期繳費──月繳或年繳比較常見(為何?)。顧客能接受這種方式,主要是可以省掉一買再買的麻煩,時間就是金錢;此外,訂閱單價往往比較划算(什麼?),很多公司提供訂閱折扣,因為這樣一種長期購買的承諾帶來可預期的報酬(為何?)。

　　要讓這種模式穩定運作,務必確保顧客能享受到上述優點,絕對別讓他們感覺受騙。

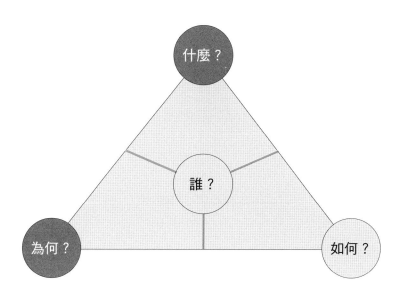

起　源

17世紀的德國書商首先推出訂閱模式，主要是為了評估百科全書這類昂貴大部頭參考書籍的需求量，以免入不敷出。書報雜誌出版商隨即跟進，多數且沿用至今。

創新者

且不論訂閱概念源自何處，它對商業模式的影響確實深遠，雲端運算公司Salesforce即為一例。Salesforce以顧客關係管理（CRM）軟體見長，十年前，它率先在軟體界推出訂閱服務：客戶每月付費，即可透過線上使用Salesforce軟體與所有更新。相較以往業界針對顧客量身打造出昂貴軟體，Salesforce推出隨選訂閱方案，而且隨時更新。相較於業界向來以昂貴授權金賣斷的做法，這種模式讓Salesforce異軍突起。Salesforce是目前全球十大成長最快的企業之一，訂閱模式讓它得以精確掌握財務狀況，進行更有效率的營運計畫。

訂閱模式

| Salesforce (1999) | Netflix (1999) | Blacksocks (1999) | Jamba (2004) | Spotify (2006) | Next Issue Media (2011) | Dollar Shave Club (2012) |

瑞士商Blacksocks（黑襪子）也發覺到訂閱模式的潛力，公司副標就這麼寫著：「訂襪子：輕鬆扔掉襪子困擾」（Sockscriptioin: There is no easier way to deal with your sock sorrows）。訂戶一年按其指定週期，每次

收到 3~6 雙襪子；內衣、襯衫也提供同樣服務。1999 年創立以來，公司業績亮麗，至今 75 個國家 5 萬多位顧客買了超過 100 萬雙。成功關鍵之一，在於它很懂得打動人們對一樣簡單商品的渴望——黑襪子；每次打開包裹，會看見勵志引言、信件和小禮物，因此顧客維持率很高，許多國家業績穩定成長。而把訂閱模式帶到刮鬍刀界的，則是 Dollar Shave Club（一美元刮鬍刀俱樂部）：顧客只要月付 1 美元，全新刮鬍刀就會按月送來。再也不用懊惱又忘了買刮鬍刀片啦！

採用訂閱：何時？如何？

當顧客經常需要你這項產品，就很適合採用這種模式。你要讓訂購客人享受到一些附加價值，像是不需要經常購買、不擔心缺貨、品質可靠。無論什麼產業都可應用，效果應該都不錯。

深思題

- 消費者會經常需要哪些東西或服務？
- 我們有哪些產品適合採用訂閱方式？
- 如果客人訂閱我們的產品，能獲得怎樣的額外效益？

超級市場
Supermarket
滿場各式小額商品

49

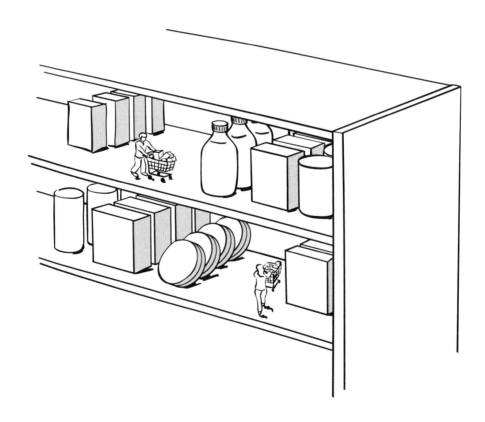

類　型

　　超級市場模式之下，業者在賣場提供形形色色、隨手可得的產品（什麼？）。一應俱全的貨色，滿足大多數消費者的期待，製造頗為可觀的需求（為何？）。價格低廉，以吸引顧客；相對地，規模經濟讓業者獲得效能，豐富品項（如何？為何？）。消費者希望一站買齊所需一切，這是超市受青睞的主要原因（什麼？）。

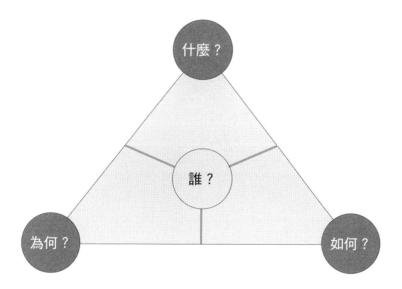

起　源

　　此種模式首先見諸零售業，一般認為，King Kullen 超市是最早的先鋒。由麥可‧柯倫（Michael J. Cullen）1930 年創立的 King Kullen 食品公司，算是世界第一間真正超市，秉持「選項如山，價格親民」（pile it

high, sell it low）的原則，低價供應各色食品，為顧客省下許多時間金
錢。該公司知道其主要客群對價格很敏感，抓住機會盡量促銷相關產
品，衍生出交叉促銷、特別優惠與折扣品。規模經濟加上範疇經濟使
效能不斷提高。柯倫又從梅西百貨（Macy's）、大西洋與太平洋茶葉公
司（The Great Atlantic & Pacific Tea Company, 現為A&P）等不斷擴充賣
場的綜合商店借鑑，意識到當紅自助概念值得採用。King Kullen 不斷擴
充，1936年當柯倫離世時，已有 17 家店面。

創新者

　　時至今日，我們已非常習慣超市裡賣生鮮，而這種模式卻也影響
其他不少領域，美林證券便推出所謂「金融服務超級市場」（financial
supermarket），為企業客戶及民間客戶提供廣泛的投資商品，希冀擴充
投資者以提高交易量。創辦人查爾斯・美林因積極投資超市，興起將超
市概念導入金融市場的靈感，以各式手法讓美國一般大眾也能投入向來
屬於精英的投資市場，某種程度「民主化」了這個領域。美林密集登報
打廣告，提供訓練，全國四處成立分行；到了 1970 年代，更推出「現
金管理帳戶」業務。

超級市場模式

King Kullen
Grocery
Company
(1930)　　美林證券　　玩具反斗城　　家得寶　　Best Buy　　Fressnapf　　Staples
　　　　　　(1930)　　(1948)　　(1978)　　(1983)　　(1985)　　(1986)

　　玩具反斗城也採用超市形態的營運模式。創辦人查爾斯·雷哲魯斯（Charles Lazarus）與美林證券一樣，思索著如何把這種模式挪用到玩具業，終於在1940年代末期想出點子，第一家玩具超市玩具反斗城於是誕生。當其他業者都開著精品門市，賣著少量的高價商品，玩具反斗城以大型賣場為消費者提供各式各樣的平價玩具。全球性的展店支撐它更具競爭力的價格，消費者不斷上門，業績獲利平步青雲。玩具反斗城在三十餘國總共超過 2,000 家門市。

採用超級市場：何時？如何？

　　在能發揮規模經濟與範疇經濟之處，都適合超市模式。超市概念主要在提供一應俱全的商品，與聚焦利基產品的精品店恰好相反。

深思題

- 市場有足夠的潛力來採用超市模式嗎？
- 資訊在內等後端製程要怎樣設計，才能充分開發規模經濟與範疇經濟？
- 我們能如何透過標準化，讓製程更強大、更具成本效益？

鎖定窮人
Target the Poor
金字塔底層的消費者

類　　型

　　鎖定窮人模式瞄準的是金字塔底層的低收入國家人民（誰？），讓他們得以負擔這些產品或服務。一般而言，這群人年收入不超過2,000美元（就購買力而言），這個數字隨分級方式而異。雖說購買力不高，這群消費者人數卻占全球人口一半以上，因此形成龐大的消費潛力（為何？）。

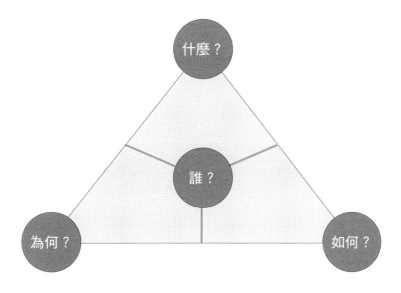

　　要迎合這群低收入人口，須有相當不同的商業模式（什麼？），通常要把產品功能精簡到最低，甚至重新研發。又因為這些目標市場的基礎建設往往十分粗糙，整個通路物流得有不同思維（如何？）。

起　源

　　此一模式的重大發展起於 1990 年代，中國、印度、拉丁美洲等地經濟迅速發展，帶動當地需求。聯合利華（Unilever）是最早在這些市場扎根的先鋒之一，1990 年代，其印度子公司（Hindustan Unilever）推出惠爾（Wheel）品牌洗衣粉，油水比例特別低，呼應印度人在河中洗衣的風俗。為了推廣產品，印度聯合利華打散生產、行銷、物流，鋪貨到鄉下小店，甚至推出所謂「夏克提」（Shakti）直銷團隊。運用這種營運模式，印度聯合利華在 1995~2000 年間收入成長 25%，市值增加四成。時至今日，惠爾穩坐印度銷量第一洗衣粉寶座。

創新者

　　過去幾十年，鎖定窮人這種概念帶動不少創新的營運模式，尤努斯創辦的孟加拉鄉村銀行便是傑出範例，兩者一起獲得 2006 年諾貝爾和平獎，表彰其「從底層推動經濟與社會發展的努力」。該銀行提供小額信貸給拿不出抵押品的窮人，訂定還款條件激發貸款人自律精神，累積良好信用。尤努斯認為，窮人其實有能力賺錢還款，卻往往苦無機會。鄉村銀行的放款對象中，貧鄉婦女占了 98%；銀行要求村民集體當保人，希望以同儕壓力鼓舞還款。1983 年成立以來，放款超過 80 億美元，違約比例竟然不到 2%，這是已開發國家金融業者根本不敢奢望的水準。

　　印度塔塔集團的 Nano 汽車是另一則成功案例，這款誕生於 2009 年的超便宜小車，售價只要 2,500 美元。經濟實用，具備諸多有創意的省

鎖定窮人模式

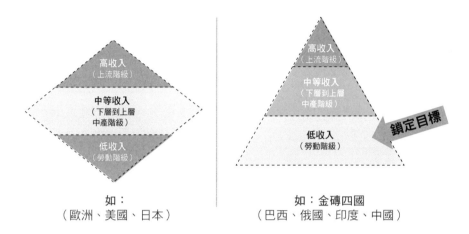

錢特色。為了降低成本，所有不必要的配備一律去除；生產流程仰賴低薪資的印度勞力，減少鋼鐵用量；此外，靠著國際工程技術的貢獻與外包政策，成功壓低成本。這款經濟小車打響塔塔車廠名號，而其改善窮人生活水準的動機，更推升了企業形象。

零售業巨擘沃爾瑪則以此概念，在美國推出金融服務。國際金融危機爆發後，許多美國人不僅失去一切，連信用也破產，無法從一般銀行借到錢，沃爾瑪遂擴充服務項目，為其主力顧客——低收入民眾——提供一系列金融服務，像是預付信用卡。沃爾瑪沒有銀行執照，所以這些金融服務對象限於不需要正式信用記錄的人。

採用鎖定窮人：何時？如何？

這種模式瞄準的對象為不斷成長的低收入族群。「金字塔底層」值

得矚目，因為那是一個讓企業有機會永續發展的市場。假如你因提供廉價的保健服務或飲水過濾器對全球脫貧有所貢獻，毫無疑問，這將是很有力的公關，甚至為你的員工帶來效益。值得一提的是，這群低收入消費者正在連結中：愈來愈多貧困地區人民，藉著手機連上網。他們無法負擔固定電話，手機非常重要；實際上，他們可能在有自來水或可靠電力之前，就先能漫遊網路。

深思題

- 除了現有客戶群，若把目光轉向低收入消費者，我們能提供哪些產品或服務？
- 針對那些難以負擔我們服務的消費者，我們能否做些調整，讓他們成為顧客？
- 透過把產品放到移動設備平台，我們能否觸及新的消費族群？

點石成金
Trash to Cash
化垃圾為鈔票

51

類　型

　　點石成金這種模式的思維是老物再生：蒐集二手貨賣到世界的另一端，或轉化成新產品。獲利基礎在收購價幾乎為零，採用這種模式的企業，往往毋須投入資源成本（如何？）；購買再生商品讓消費者感覺踏實（什麼？）。因此，點石成金為舊貨供應商及製造商帶來雙贏：前者省去垃圾處理費（如何？），後者減輕物料成本（為何？）。

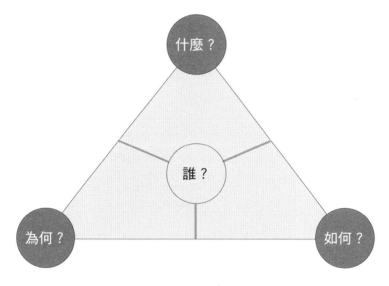

　　點石成金不必然要有「垃圾」再製步驟，一種選擇是直接賣到其他市場或地區，這在二手車市行之有年，也開始見諸其他許多商品。

　　販售再生商品的附帶利益是環保形象（什麼？）。這種模式凸顯環保責任，讓公司呈現綠色經營色彩。隨著環境、社會面臨的挑戰日益嚴峻，眾人愈加期待看到負責的企業，因此，這種以再生為核心的模式很能為競爭力加分。

起　源

原則上這種模式並非什麼新概念，傳統廢材商即是如此，最早可溯及古希臘時代，考古顯示當時人們便會使用再生品，避免物資短缺。近代開始在商界獲得重視，則是1970年代能源價格上漲所致，而後隨著眾人環保意識提高，氣候變遷問題嚴重，這種模式有更大的發展空間。

點石成金：巴斯夫化工企業

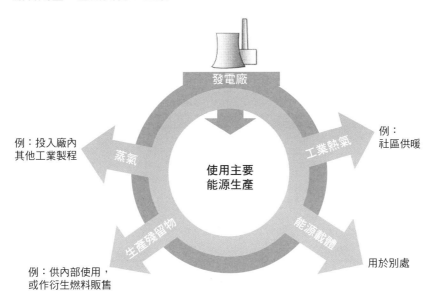

德國專業回收公司 Duales System Deutschland 是業界先鋒，專門處理廢棄物與包裝材料。它推出綠點標識（Der Grüne Punkt）代表回收包材，授權製造商使用於標籤上。整套方案整合了包裝公司與產品製造公司，創造出生生不息的免費廢材。透過與市府垃圾收集單位合作的一套

二元系統,各式原料獲得有效再生。加入這項方案的企業,受惠於高效能的廢物處理與回收;而 Duales System Deutschland 自己,則由製造商購買認證綠標獲得收入;貼有綠標的公司,一來環保形象大增(有助於吸引更多顧客與營收),二來能獲得便宜的資源、降低廢料處理成本。

創新者

　　瑞士商 Freitag lab 是最早將此手法創新的企業之一。1993 年成立以來,它利用各色舊貨(主要來自汽車)——如卡車上的帆布套、內胎、安全氣囊——生產背包等時尚配件。這種環保特質吸引無數關心生態的顧客,也讓品味特殊的時髦人士趨之若鶩。鮮明的綠色行銷策略,凸顯公司利用再生物料的概念。回收再生,使資源成本極其低廉,卻不影響產品品質,因為許多原料既耐用又防水;省下來的成本即可回饋給顧客。今天,Freitag lab 共有一百三十多名員工,商品銷至全球四百多家店。

　　英商 Greenwire 以類似策略用在手機與筆記型電腦,到府回收後,進行品質檢查、翻新、修理,再低價賣出,尤其在發展中國家市場。企業客戶很高興能透過這樣環保便利的方式處理掉不要的電子產品,樂得以低價(甚至免費)讓 Greenwire 拿到這些資源(這些企業可選擇收到款項,或捐贈給指定慈善機構)。Greenwire 對環保做出卓越貢獻:僅一支手機的電池,鎘含量便足以污染 60 萬公升水。很遺憾,至今手機回收量只達四分之一。

　　美商家具 Emeco 創業於 1944 年,運用可直接再利用的材料——如鋁、木材、PET(聚對苯二甲酸乙二酯,來自塑膠瓶類)、WPP(木聚

丙烯，來自仿木頭柵欄之類）——生產各式設計師家具。它曾與可口可樂跨界合作，聯手展示點石成金的力量：利用大約111只回收可樂瓶，打造塑膠版的Emeco海軍椅（Navy Chair）。高明的製造技巧與行銷手法，強烈呈現環保形象，深得消費者支持。再者，Emeco產品兼顧功能性、時尚感，且價格可親，在在締造高需求與漂亮營收。

採用點石成金：何時？如何？

點石成金模式與永續概念密不可分；所謂「石」，在某個價值鏈是廢棄物，到另一個價值鏈則可再生。如果你們是會產生一堆廢棄物的製造商，就很有藉此模式發揮的空間。

深思題

- 我們如何從廢棄物中創造價值？
- 能否透過永續概念為我們的品牌加持？
- 哪些機制能為我們的合作夥伴創造效益？
- 哪些產業（通常獲利率很高）出產有價值的垃圾？

雙邊市場
Two-sided Market
吸引間接網絡效應

類　型

雙邊市場透過中間平台，協助兩方性質互補的群體有機會互動互惠。比方說招聘網站，它把求職者和招募者聯結在一起；或者搜尋引擎，聯結了用戶與廣告主（誰？）。支撐這種概念的基本核心，即所謂「間接網絡效應」：一邊有愈多人使用，這平台愈能吸引另一邊的人，哪一邊都一樣（什麼？）。經營這類平台，最大挑戰就是能讓兩邊都有興趣，將此網絡效應極大化；成功的話，就能綁住顧客（如何？）。

瞄準三邊以上的顧客群也是可能的：那就成了多邊市場。谷歌搜尋引擎即是一個凝聚三種族群的三邊市場：網路用戶（搜尋者）、網站擁有者和廣告主。並非所有參與者都需要付費：拿搜尋引擎來說，瀏覽用戶免費，廣告主則得付費加入網站（為何？）

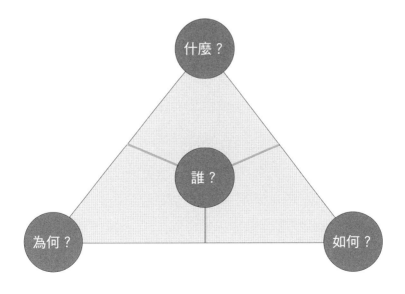

　　在這模式成立前，要先解決蛋跟雞的問題；若平台沒有人使用，則兩邊任一方也不會有興趣加入。因此，平台通常會透過大量的廣告與優惠，設法在最短時間之內衝高流量（什麼？如何？）。

起　源

　　雙邊市場由來已久，證券交易便是先驅之一，早在 600 年前便已開始。而史上與現代模式最接近的案例，可溯及 15 世紀時的凡‧德‧包爾澤（Van der Beurze）家族。該家族在佛蘭芒（Flemish）城市布魯日（Bruges）擁有一間旅館，該區為當時歐洲貿易重鎮，商賈顯要經常進駐，使這間旅館成為金融交易中心、買賣雙方的平台。直到今日，證券交易仍是雙邊市場最具代表性的典範。

雙邊市場模式

贏者全拿

網絡價值

用戶人數

創新者

此種模式延展性極強，早有多種創新延伸，信用卡業務便是其一：發卡公司把用卡人與另一端願意接受此卡的商家相連。大來卡（Diners Club）成立於1950年，是首家提供約兩週暫免還款時間給卡友的信用卡；卡友只要年繳3美元年費，毋須付利息（後來才有），商家則按每筆交易支付7%。而為了打開市場，大來卡得儘速克服一個挑戰（再次的：蛋跟雞）：沒有足夠的卡友數，商家不願加入；同理，除非入列商家（商店、餐廳、旅館……）繁多，消費者也沒興趣申請。大來卡遂祭出各式行銷手法，初期更鎖定業務人員，鼓勵他們帶卡到餐廳消費。

聯結買賣雙方的線上交易平台如eBay、亞馬遜、Zappos，也屬雙邊市場。看看團購網Groupon：它在消費者與商家之間仲介折扣禮券（「優惠」），推銷團購概念：組團購買，可享商家提供更多折扣。消費者享受這些優惠，店家高興有大量曝光機會。Groupon並在它服務的每個市場提供每日限量優惠：有興趣的消費者報名，當人數到達店家所要求，所有報名者即可享受該優惠。這減低了店家風險，因為Groupon會依照折扣後價錢抽成。這個網站帶來的間接網絡效應十分可觀：各式優惠引來大批潛在顧客，這又引來更多商家前來拋出折扣辦法。Groupon服務全球幾千個市場，號稱它觸及超過7000萬名消費者，遍佈至少35國。

諸如JCDecaux、臉書、《都市報》等靠廣告資金營運的模式，也是聯結廣告主與用戶的雙邊市場。間接網絡效應居中策動：廣告主將因用戶瀏覽而受益，用戶則因廣告主資金挹注得享免費使用。以JCDecaux為例，它與市府及大眾運輸業者合作，免費或廉價提供街道家具，換取

獨家廣告代理權；廣告主則向它購買吸睛位置或移動媒體檔次，市府省下大筆美化市容經費，坐享別具一格的廣告創意。

《都市報》是英國免費報，平日於各地人潮集中處分派，包括咖啡館、公車站、商辦中心等。該報為廣大讀者群與希冀曝光的廣告主提供了雙邊市場。營運資金來自廣告收入，相對地，它則確保最大流量，並以最經濟的派報手法控制成本。

採用雙邊市場：何時？如何？

對所有企業而言，多邊市場之營運模式幾乎勢在必行，傳統一對一模式不再適用。你必須了解哪些人是你的利益關係人，他們之間存在什麼關係。掌握這點，你就可以開始琢磨，什麼樣的多邊模式適合公司。

深思題

- 我們產業有哪些利益關係人？
- 目前他們相互的聯結程度？
- 為何其中有些人顯得孤立？
- 這些利益關係人之間存在哪些價值流（由產品、服務、金錢組成）？
- 在這個價值網絡中，我們的定位何在？
- 我們能否打造一個多邊模式，用創新手法將所有關係人連在一起，並為顧客帶來額外效益？

極致奢華
Ultimate Luxury
所費不貲，報酬更高

類　型

　　極致奢華這種模式，鎖定的是金字塔頂端客層（誰？）。耕耘這塊領域的公司，區隔自我方式乃根據鎖定目標的消費實力，提供最頂級尊榮服務：獨一無二，自我實現（為何？）。巨額投資成本可由高獲利抵消。因此，重點在於塑造品牌，聘用形象專業的業務員推銷產品，不時舉辦令人難忘的特殊盛會（如何？什麼？）。全球奢侈品市場不斷的成長，尤其中、俄兩國。個體經濟學說到虛榮效應（snob effect）：名錶價格愈高，賣得愈好。要觸及這群頂級消費者，商業模式的周詳調整不可少。

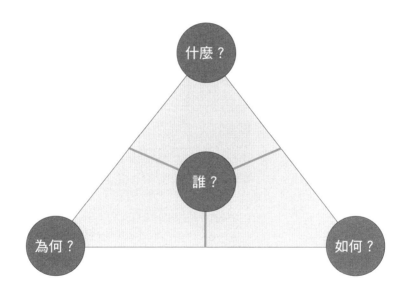

起　源

這種模式並非當前才有，古羅馬時代的商賈向貴族獻上華服美鑽、建築師為他們設計富麗堂皇的宮殿別墅，使這些上流人士備感尊榮。到了中世紀，許多生意人汲汲營營，希望成為王室認證供應商，獲得在商品標誌皇家盾徽的殊榮。今天，頂級富人無異乃現代版皇室——或許他們沒有王國，人性渴望卻無二致。

頂級奢華模式

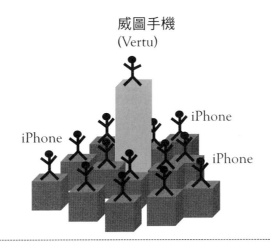

威圖手機
(Vertu)

iPhone

iPhone

iPhone

「虛榮效應」：個人想突出於群體之上，「虛榮者」只想要其他人難以企及的東西。

創新者

　　採用頂級模式的企業不少，其一的藍寶堅尼（Lamborghini），1963年由費魯奇歐‧藍寶堅尼（Ferruccio Lamborghini）創立，其限量生產與超級馬力跑車造就頂級價格。配合公司密切的顧客策略及貼心的配套措施，富有客層反應熱烈。藍寶堅尼因此策略得到足以支撐研發、生產及行銷的豐厚利潤。顧客深受其獨特本質、卓越表現與剽悍形象吸引，藍寶堅尼則欣見漂亮財報。它驕傲推出的Murciélago，與1879年被刺24劍不死的傳奇鬥牛同名，是力量的象徵。成立之初，藍寶堅尼便志在以無敵馬力領先群倫，果真第二年便讓全球車迷驚豔：那年推出12汽缸引擎的350 GT，足以讓當時所有法拉利（Ferrari）失色。1966年推出Miura，350匹馬力的引擎，時速幾乎可達300公里。藍寶堅尼所有跑車名稱幾乎都根據西班牙鬥牛名門血統（Diablo, Gallardo, Murcielago），除了Countach ——那是皮埃蒙特語中的「強中之強」。

　　朱美拉集團（Jumeirah Group）走的是頂級奢華酒店路線，旗下品牌包括朱美拉海灘酒店（Jumeirah Beach Hotel）、阿聯大廈（Emirates Towers），以及堪稱全球最知名豪華酒店的阿拉伯塔（Burg al Arab），這間位於杜拜的飯店，以321公尺的偉岸、無與倫比的帆船造型，磁石般吸引全球富豪。它正式獲頒五星評鑑，卻遠遠超過標準（有人將它評為全球唯一七星酒店）：美輪美奐的套房，面積從51坪到236坪；如果想看看奢華陳設之外的景致，還可搭飯店專屬直升機或勞斯萊斯晃晃市區。這些高標自是不易維持，它維持獲利卻沒問題。

　　Abbot Downing是另一個典範。富國銀行（Wells Fargo）旗下的這個品牌，瞄準金字塔最頂層提供理財服務，符合其「超高淨值」標準者，

具備5000萬美元以上的投資能力。顧客相對獲得一般銀行沒有的許多服務，像是：資產傳承規劃、財富教育、風險評估、信託管理、稅務諮商、遺產規劃等。會費極高，所以儘管客群小，公司卻穩定獲利。

採用極致奢華：何時？如何？

也許你開始想抬高價格了，但請記住：奢侈品市場其實很小。新興市場則有可觀潛力，那兒不少剛剛晉身百萬或億萬富翁者，正四處尋找極致享受。

深思題

- 針對那些什麼都有了的消費者，我們還能創造什麼價值嗎？
- 這些頂級客戶數目這麼少，萬一需求起伏不定，我們有因應之道嗎？
- 我們要找怎樣的職員，才能合乎這些客人極端挑剔的要求？

使用者設計
User Design
以顧客為新創者

54

類　型

　　在使用者設計這種模式下，消費者既是設計者也是顧客（誰？），他們設計的產品之後會賣給別人，自己便也成為產品研發的一部分。所以公司鼓勵消費者參與，受惠於其創意；消費者則可實現新創點子，但毋須操心基礎設備（什麼？）。

　　一般而言，網路平台會給顧客足夠支援，像是產品設計軟體、生產服務、網路商店（如何？），通常根據已實現營收，公司按件抽成（為何？）。此一模式最大優點在公司毋須投資產品研發，但要能幫顧客把創意發揮出來（如何？）。

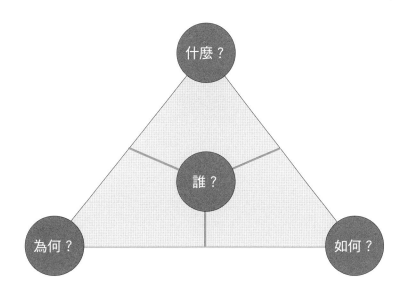

起　源

　　此模式屬於相當新的現象，發展不過數年，主要是因為3D列印、數位操作銑床（CNC milling）、雷射切割這類生產技術的興起，以低單位成本生產小數量──使用者設計產品之一般特性──因此不再遙不可及。「大量客製化」也讓消費者領略，產品可以量身訂做，此手法也可大量普及。

使用者設計模式

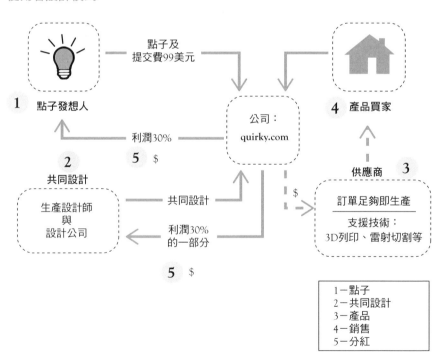

美商Threadless屬先驅之一,這個結合藝術家與電商網站的社群,是傑克·尼可爾(Jake Nickell)和傑柯布·德哈特(Jacob DeHart)在2000年各自拿出1,000美元所創辦的。Threadless的圖案設計、評估、挑選,全由線上社群運作:每週約有1,000件投稿作品交給大眾投票,七天後員工進行評估,根據平均分數與社群意見,每週挑出10件左右,印在衣服及其他產品上,透過芝加哥門市與網路商店銷到全世界。作品出線的作者,可得2,000美元現金,外加Threadliess禮券500元;如果圖案再印,又可再拿500元。

創新者

這些年來,使用者設計模式早已跨界演出,丹麥玩具商樂高即是成功範例。樂高工廠(Lego Factory)提供線上設計軟體、生產設備、銷售平台,消費者可用這套極富彈性的生產技術實現創意,再將產品放上網路店面。這塊平台能展現消費者創意,毋須顧慮產品滯銷問題;樂高所需要做的,只是算好圖案所需積木,寄給顧客即可。

2007年成立的紐西蘭新創公司Ponoko也是成功典範,它讓顧客隨心所欲創作產品——從珠寶到家具、到廚房用具——再放到Ponoko網路商城販售。便利的生產系統,讓顧客得以專注於設計及物流,省下基本設備成本。問世不過兩年,店內已有2萬種不同商品,成為同類業界的先鋒暨領頭羊。

其他應用使用者設計模式的案例包括鞋子與刺青:任何人都可以上Dream Heels設計、販售客製鞋款,或到Create My Tattoo,將自己設計的刺青圖案商業化。

採用使用者設計：何時？如何？

　　產品相對簡單、能激發顧客設計欲望的產業，特別適合採用這種模式。它也與社群概念相呼應——社群成員彼此間互動的需求日益提高，大家渴望能貢獻點子，同時也樂於提供意見，甚至延伸他人的創意。採用此種模式，讓你接觸到各種創新設計，也讓你能打造一個對這些設計有熱忱的同好團體，這對塑造公司品牌絕對是一大助力。

深思題

- 我們能如何提升與顧客的合作與對話？
- 我們能怎樣整合顧客的意見與投入，以提升產品品質？
- 我們能怎樣提高消費者自己動手的程度，讓他們更喜歡我們的商品？
- 我們能否藉著社交媒體，提高用戶對我們設計流程的黏著度？

白　牌
White Label
自有品牌戰略

55

類　型

　　白牌商品生產出來時尚無名稱，賣給不同公司，安上不同品牌，到不同的市場區隔（什麼？）；製造商僅負擔製造成本，這是此種模式最主要的好處：可省下基礎設備投資（如何？）。白牌公司力求生產最佳化，頗有機會得到規模經濟。成品未有商標，任買方自行處理後續行銷。白牌也可以是賣出部分自家產品，掛上他家品牌到市場，這在食品業極為常見：某商品由一家廠商出產，包裝為多種形式，以不同牌子鋪到零售點去賣（如何？什麼？）。

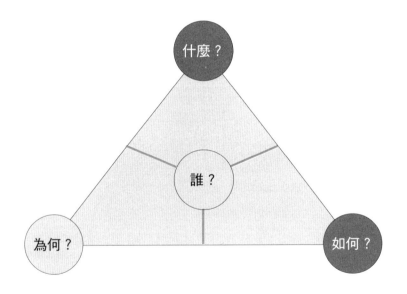

　　除了有掛品牌商品的銷售之外，無名商品帶來的收入可增添財源，打入低收入客層，拓寬鋪貨通路，生產效能也獲得提升，只要商品有辦法滿足不同期待的顧客層。要應付更多顧客，產品只需稍作修正，只是

白牌模式要特別注意一點：千萬別讓顧客發覺這些看似頗有差距的商品其實系出同門，否則，位居高端的品牌業績恐怕就要讓便宜貨吃掉了。

起　源

「白牌」一詞，起源於20世紀後半葉的音樂界，當時創作人習慣在推出大碟前，先把試聽帶送給電台與俱樂部，這些帶子上沒有註明誰是創作者和唱片公司，所以稱之「白牌」。這麼做有兩重意義：第一，吸引新的聽眾；第二，確保聽者沒有先入為主之見，發片公司可據此評估發行量，走紅音樂即正式推出，給予妥善包裝，專業行銷。其他產業隨後開始應用，食品業尤然。食品界存在一項特性：產品毛利小，但銷量很大；這就很適合白牌模式。

創新者

台灣科技公司富士康堪稱最大也最重要的白牌創新者，它為知名品牌代工許多電子產品及零組件，客戶包括蘋果、戴爾、英特爾等大廠。據估計，英特爾售出的電腦主機版中，三分之二出自富士康工廠；而遊戲機，不管標的是微軟、任天堂或索尼，裡面多少都有些富士康零件。不止於此，它還是電腦中央處理器及外殼的最大製造商。所以，說到白牌模式，不能不提富士康。做為承包商，它專注於生產電子產品，提供穩定、划算的產品；客戶則可專注於市場研究、行銷、品牌打造。此種手法讓富士康深耕出相當的專業地位。2011年，富士康約有2萬種專利，近百萬名員工，營收超過1100億美元。

　　白牌在食品業的發展也非常成熟，里希樂食品（Richelieu Foods）
即為一例。里希樂生產白牌冷凍披薩與沙拉醬，成品貼上各家零售通路
品牌售出。里希樂為客戶提供客製化生產流程與包裝選項，客戶可為消
費者提供打著自家名號的高品質產品，卻不用投資任何製造包裝設備。
隨著折扣店地位日增，白牌益發重要。在食品業，無名商品及掛著商
家品牌的產品，共占三分之二強的市場。白牌廠商的發展前景，不言可
喻。

白牌模式

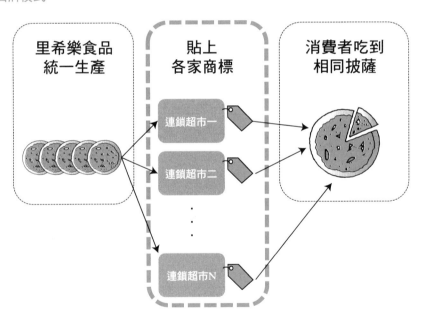

　　Printing In A Box是印刷業中的白牌廠，為顧客提供線上開業的機
會。凡開設線上印刷公司所需，從網頁模板（webpage template）、行銷
資訊到訂單處理、交貨流程，Printing In A Box一應俱全。顧客可用自

己的商標、頁面安排，裝潢自己的網路商店，販售印製商品——如：明信片、信箋、禮物、傳單等。這是雙贏：顧客只需專注行銷物流，不必操心印製流程，甚至無需任何印刷設備；Printing In A Box 則專心生產，省去許多人事成本、物流基礎架構。

採用白牌：何時？如何？

若顧客對價格十分敏感，而你的品牌已有相當地位，則你不妨考慮採用這種模式。白牌在食品業及服裝業有許多成功案例。剛開始最好不用做大，先生產幾種白牌商品就好。

深思題

- 我們若用白牌商品，會不會影響到品牌的高檔形象？
- 顧客眼中，我們的產品價值如何？
- 若要打造白牌商品，我們可從現有的高檔品牌學到什麼或從中得到什麼效益？

第 3 篇

讀完祕笈，
練功吧！

心動，永遠比不上行動。創新尤然。再卓越的策略，沒有落實都不算數——否則所有心血盡屬枉然。愛迪生（Thomas Edison）說得好：「未能執行的願景，無非只是幻覺。」

這本「商業模式導航」是一種新的方法，既可架構商業模式創新之流程，且能激發跳脫框架的思維——那是成功模式的關鍵因子。這方法不僅立論完善，實際案例也在在證明其落實價值。企業要成功革新商業模式，體認其重要性固然關鍵，展開有效的創新流程也深深影響成敗；這是最為艱鉅的一步，也最為重要。我們推出多種工具，可協助管理者順利走過整個流程。各界對如何革新營運模式的期盼日殷，商業模式導航的旅程也將不斷開展。競爭優勢，已從產品、服務面朝營運模式傾斜，各個企業必須對此趨勢做好準備。僅知道機會在哪兒是不夠的；創新企業，要能及時抓住機會，放手一搏。熟知過去，有助創造未來。

參考本書末篇揭櫫的管理啟示，或可讓所有採用商業模式導航進行改革之企業更加得心應手。

革新商業模式的十點建議

1. 爭取高層支持：商業模式創新可不是一趟公園漫步。

   —凸顯創新模式能為公司帶來的好處，以喚起重視。

   —舉出業內業外的創新典範——實際案例常能有效振聾發聵。

   —堅持不輟：讓眾人明白，創新模式的價值，並非一蹴可幾。

   —成立多元團隊：新的企業模式研發，不應交給特定部門。

2. 商業模式導航是跨功能議題——盡量從各部門挑選不同專長的成員。

   —確保大家充分理解商業模式的意涵：那定義出公司的**什麼**、**誰**、
   如何、**為何**。

   —團隊別忘了納入外人：這些人才能一針見血，客觀質疑公司某些
   牢不可破的信念。

3. 迎向改變，樂於取經。記住：未來已然展開，只是分佈速度不同。

   —適當的神經質沒有壞處：不斷質疑目前讓公司成功的基石是否依
   然堅實。

   —鼓吹「榮耀地取經他方」的態度，根除「非我族類」的閉門造車
   症候群。

   —持續觀察、分析業界生態的任何變化：有沒有任何徵兆顯示，公
   司目前的營運模式將遇到瓶頸？

4. 透過55種商業模式，挑戰公司與業界的主流思維。

—採同質原則和／或衝突原則，有條不紊地選用商業模式。

—先取接近類型，但也嘗試理解差異大的類型會產生何種碰撞。

—不斷嘗試。從業外人士取經，一開始似乎是個荒謬念頭；資深員工尤其如此，他們已有根深蒂固的主流思維。

—透過觸覺卡（haptic card）之類的工具，盡量發揮模式類型的變化可能。

5. 打造開放文化——掃除所有的不可侵犯。

—構思初期，小心任何對創新模式建議的攻擊：很多點子往往就此胎死腹中。

—創新原就免不了失敗與風險：給員工足夠的發想空間，容許失敗。

6. 採取循環手法，仔細驗證假設。

—審慎判斷適用發散式思考與收斂式思考的時機；拿捏創意與原則之間的平衡需要經驗。

—別期待立刻得到最棒的點子；創意，一如任何流程，需要辛勤的耕耘，反覆的努力，當然，還有時間。

—立即測試，別等太久。

7. 別估計過高——初期整個出錯很正常。

—營運計畫一旦落實到顧客面，幾乎都會出錯；以商業模式如此充滿變數的情況而言，更是如此。

—備妥不同方案，臨機應變。

—明確定義需要達成的標竿。

8. 打造原型以降低風險：一張圖片勝過千言，千張圖片不抵一個原型。
　　—努力把想法落實在原型中。
　　—盡量快速打造出原型，以汲取各方對此模式的意見。
　　—原型可包括：詳細簡報、顧客反應、「初步」進入市場之領航計畫等。
　　—消化試驗得到的教訓，仔細調整模式。愈早犯錯愈好。

9. 為新的商業模式提供健全的成長空間。
　　—確保此模式發展受到保護。
　　—初期務必給發展團隊充分空間，稍後再訂定明確目標。
　　—看長不看短，勿急功近利。
　　—讓商業模式創新成為持續性流程：別將任何新模式奉為圭臬，應時時加以檢驗。

10. 積極管理變革的過程。
　　—以身作則擁抱改變，擬定獎勵方案，提高員工動機。
　　—設法提高員工對模式創新的了解。
　　—確保變革流程透明化，一切公平。
　　—培養組織目前缺乏的能力。
　　—發展眾人對此創新的正面心態。

55種模式一覽表

模式編碼	類型名稱	影響面向	企業範例	類型描述
1.	附帶銷售	什麼 / 為何	瑞安航空 (1985), SAP (1992), 世嘉 (1998)	核心產品定價極具競爭力，但備有諸多額外付費項目供挑選，故最終價格可能超出消費者最初盤算。不過，產品則符合個別需求。
2.	聯盟	如何 / 為何	Cybererotica (1994), 亞馬遜 (1995), Pinterest (2010)	重點在協助別人賣東西，再從中獲利。「根據銷售量付費」或「依顯示次數付費」是常見手法。由此，自己毋須另做行銷，即可觸及更廣的潛在客群。
3.	合氣道	什麼 / 為何	六旗遊樂集團 (1961), 美體小舖 (1976), Swatch (1983), 太陽劇團 (1984), 任天堂 (2006)	合氣道是日本武術，要旨是借對手之力還治其人。採用此種模式的公司，提供與對手路線殊異的產品。這樣大異其趣的價值主張，卻能吸引口味特別的消費者。
4.	拍賣	什麼 / 為何	eBay (1995), WineBid (1996), Priceline (1997), 谷歌 (1998), Zopa (2005), MyHammer (2005), Elance (2006)	把東西賣給出價最高者。價格敲定時刻，也許是事先公佈，也許是無人繼續喊價。由此，公司可以賣到消費者能接受的最高價格，消費者則自覺能對價格產生影響。

模式編碼	類型名稱	影響面向	企業範例	類型描述
5.	以物易物	什麼 為何	寶鹼 (1970), 百事 (1972), 漢莎航空 (1993), Magnolia 酒店 (2007), Pay with a Tweet (2010)	這是一種不涉及金錢的商品交易。就企業範疇瞧來看，消費者提供了有價值的東西給主事企業。交易商品不見得直接相關，就看各方給予以何種評價。
6.	自動提款機	如何 為何	美國運通 (1891), 戴爾電腦 (1984), 亞馬遜 (1994), PayPal (1998), Blacksocks (1999), Myfab (2008), Groupon (2008)	依此概念，消費者在商家就該筆消費採取任何動作之前便先行付款，商家因此握有額外金流，可償還債務或做其他投資。
7.	交叉銷售	什麼 如何 為何	殼牌石油 (1930), 宜家家具 (1956), Tchibo (1973), Aldi (1986), SANIFAIR (2003)	同時販售其他賣家的產品／服務，讓自家核心技術資源的效益充分發揮。以零售業最為常見，賣家得以輕鬆展核心於外各式產品。毋須調整設備增添或增添資產，即可滿足更多潛在顧客的需求，獲得更高營收。
8.	群眾募資	如何 為何	海獅樂團 (1997), 卡薩瓦影業 (1998), Diaspora 非營利組織 (2010), Brainpool (2011), Pebble 科技 (2012)	基於對其理念的認同，一群人出資贊助某項專案或產品，甚至整家新創公司。一般皆透過網路，資金門檻達到，理念獲得落實，投資者即可依其挹注金額相對獲得回饋。

模式編碼	類型名稱	影響面向	企業範例	類型描述
9.	群眾外包	如何 為何	Threadless (2000), 寶礆 (2001), InnoCentive (2001), 思科 (2007), Myfab (2008)	一群人主動承攬某項任務或解決某種問題。往往也是透過網路。權屏中選者可得一定報酬、概念則化為商品。主其事者，因消費者熱忱投入，顧客關係強化，業績動能提升。
10.	顧客忠誠方案	什麼 為何	Sperry & Hutchinson (1897), 美國航空 (1981), Safeway Club Card (1995), Payback (2000)	透過獎勵方案等加值手法，促使顧客回流。主要目的是提高顧客忠誠度，因此祭出特殊回饋，企圖動之以情。顧客產生向心力，營收自然獲益。
11.	數位化行銷	什麼 如何	WXYC (1994), Hotmail (1996), 瓊斯國際大學 (1996), CEWE (1997), SurveyMonky (1998), Napster (1999), 維基百科 (2001), 臉書 (2004), Dropbox (2007), Netflix (2008), Next Issue Media (2011)	此類型仰賴把產品、服務轉至線上的能力，以獲得實體之外的好處，如使自迅速的物流。理想上，數位化不應減損商品在消費者心目中的地位。
12.	直銷	什麼 如何 為何	Vorwerk (1930), 特百惠 (1946), 安麗 (1959), 美體小舖 (1976), 戴爾電腦 (1984), 雀巢 Nespresso (1986), First Direct (1989), 雀巢 Special.T (2010), 一美元刮鬍刀俱樂部 (2012), 雀巢 BabyNes (2012)	指產品直接賣到消費者手中，不經過中間商。由此省下的中間成本可回饋給消費者。有利於打造一致的物流模式，且透過直接互動，可強化顧客關係。

模式編碼	類型名稱	影響面向	企業範例	類型描述
13.	電子商務	什麼 如何 為何	戴爾電腦 (1984), Zappos (1999), 亞馬遜 (1995), Flyeralarm (2002), Blacksocks (1999), 一美元刮鬍刀俱樂部 (2012), WineBid (1996), Asos (2000), Zopa (2005)	商品、服務僅透過網路銷售，消除實體店面的經營成本。消費者享受商品多樣化及便利性，業者則能有效掌握銷售與物流環節。
14.	體驗行銷	什麼 如何 為何	哈雷機車 (1903), 宜家家具 (1956), Trader Joe's (1958), 星巴克 (1971), Swatch (1983), 雀巢 Nespresso (1986), 紅牛機能性飲料 (1987), 邦諾書店 (1993), 雀巢 Special.T (2010)	藉由額外的顧客體驗以提高商品價值，由此拓賣需求，價格相對抬高。為了創造顧客體驗，業者須有適當措施，例如店內附加設施或相關行銷活動。
15.	固定費率	什麼 為何	SBB (1898), 巴克魯自助餐 (1946), Sandals 度假飯店 (1981), Netflix (1999), Next Issue Media (2011)	無論使用量多寡，商品價格一定。對消費者而言，成本架構單純；對業者而言，收入步調穩定。
16.	共同持分	什麼 如何 為何 誰	Hapimag (1963), NetJets (1964), Mobility Carsharing (1997), ecurie25 (2005), HomeBuy (2009)	一群人共同擁有某樣資產，這種資產多半為資產密集、偶而才需要使用。消費者得享所有權，卻不必獨自負擔全部資金。

模式編碼	類型名稱	影響面向	企業範例	類型描述
17.	特許加盟	什麼 如何 為何	勝家縫紉機 (1860), 麥當勞 (1948), 萬豪酒店 (2967), 星巴克 (1971), Subway 三明治 (1974), Fressnapf (1992), Natur House (1992), McFit (1997), BackWerk (2001)	授權者把旗下品牌名稱、商品、企業識別、所在地經營之責由後者完全扛起，分得部分營收。加盟者輕鬆執行銷售有知名度的品牌，並獲得專業知識與協援。
18.	免費及付費雙級制	什麼 為何	Hotmail (1996), SurveyMonkey (1998), 領英 (2003), Skype (2003), Spotify (2006), Dropbox (2007)	免費提供基本款，以期消費者入門後會升級購買進階版。理想上，免費款能為公司吸引最大數量的消費群，再由（通常為數較少）進階顧客創造營收。
19.	從推到拉	什麼 如何	豐田汽車 (1975), Zara (1975), 戴爾電腦 (1984), 吉博力衛浴 (2000)	指公司為了專注顧客所需，採取分散化策略，讓製程當有彈性。為能迅速有效回應顧客，價值鏈各項環節都可能受影響——包括生產、甚至研發。
20.	供應保證	什麼 如何 為何	NetJets (1964), PHH Corporation (1986), IBM (1995), 喜利得 (2000), MachineryLink (2000), ABB Turbo Systems (2010)	此類型把顧客需求放在所有決策核心，由此形成價值主張。可應用在企業任何面向。

模式編碼	類型名稱	影響面向	企業範例	類型描述
21.	隱性營收	什麼 如何 為何 誰	JCDecaux (1964), Sat. 1 (1984), 都市報 (1995), 谷歌 (1998), 臉書 (2004), Spotify (2006), Zattoo (2007)	揚棄一般由顧客帶來營收的概念，改由第三方補貼，推出免費或廉價產品，吸引廣大顧客。廣告籌資是極為常見的手法：廣告主很想觸及顧客，遂願意幕後出資。經此帶動，營收與顧客可以互相獨立的概念開始發展。
22.	要素品牌	什麼 如何	杜邦鐵氟龍 (1964), 戈爾公司 (1976), 英特爾 (1991), 蔡司光學 (1995), 禧瑪諾 (1995), 博世 (2000)	將其他供應商生產的品牌要素置入某樣成品中，之後，該成品的行銷訴求，會強調內部含有該要素，以致整體特性能如何優異。與要素品牌的正面連結將投射過來，讓成品更具魅力。
23.	整合者	為何 如何	卡內基鋼鐵 (1870), 福特汽車 (1908), Zara (1975), 比亞迪汽車 (1995), 艾克森美孚石油 (1999)	按此模式運作的公司，掌握了價值注入流程（value-adding process）中多個步驟，包括創造價值的資源與能力。因而效能提升，擁有範疇經濟，減少對供應商的依賴，故成本得以下降，更能穩定創造值。
24.	獨門玩家	什麼 如何	Dennemeyer (1962), 威普羅科技 (1980), TRUSTe (1997), PayPal (1998), 亞馬遜網路服務 (2002)	所謂獨門玩家，僅鑽研一項價值注入步驟，但可提供給多個價值鏈。這一步驟，常會出現在各自獨立的市場或產業。獨門玩家受益於規模經濟，得以提高生產效能，而不斷精進的專業，又讓製程品質再上一層。

模式編碼	類型名稱	影響面向	企業範例	類型描述
25.	顧客資料效益極大化	如何 為何	亞馬遜 (1995), 合歌 (2998), Payback (2000), 臉書 (2004), PatientsLikeMe (2004), 23andMe (2006), 推特 (2006), 威瑞森電信 (2011)	藉著蒐集顧客資訊供內部或第三方使用，創造出新的價值。直接將此類資訊賣出或改善內部效益——如提升廣告精準度——皆可帶來收入。
26.	授權經營	如何 為何	安海瑟－布希英博 (1870), IBM (1920), DIC2 (1973), ARM (1989), Duales System Deutschland (1991), Max Havelaar (1992)	在此，重點是發展智慧財產，再授權給其他廠商。換言之，此模式不在研發產品，而是如何化無形資產為收入。靠著授權，公司可專注研究發展，讓這些顧客感興趣的知識得其所哉。
27.	套牢	如何 為何	吉列 (1904), 樂高積木 (1949), 微軟 (1975), 惠普 (1984), 雀巢 Nespresso (1986), 雀巢 Special.T (2010), 雀巢 BabyNes (2012)	消費者被套牢在特定廠商的產品圈。若改用其他品牌，將產生所費不貲的轉換成本。技術機制與產品間的高度依存，會是兩個固重要的成功要素。
28.	長尾	什麼 如何 為何	亞馬遜 (1995)，eBay (1995), Netflix (1999), 蘋果 iPod/iTunes (2003), YouTube (2005)	營收主要乃憑藉利基商品的「長尾」效應，而非仰賴短期銷量爆量。個別銷量雖小，毛利雖不高，但若種類繁多，供應數有一定，加總起來也能貢獻出可觀的利潤。

模式編碼	類型名稱	影響面向	企業範例	類型描述
29.	物盡其用	什麼 如何 為何	保時捷 (1931), 費斯托集團 (1970), 巴斯夫化工 (1998), 亞馬遜網路服務 (2002), 聲海聲音學院 (2009)	公司專業技能與其他資產，不僅用於生產自家產品，也可做為商品售出。換言之，在公司核心價值主張的營收外，多了一筆閒置資源導入的財源。
30.	大量客製化	什麼 如何 為何	戴爾電腦 (1984), 李維牛仔褲 (2000), PersonalNOVEL (2003), Factory121 (2006), mymesli (2007), My Unique Bag (2010)	過往被認為不可能辦到的大量客製化，隨著模組製品與生產系統的改進，高效製作個別化商品已不再是癡人說夢。換言之，每名消費者的需求，都可在大量生產情況下獲得滿足，價格極有競爭力。
31.	最陽春	什麼 如何 為何 誰	福特汽車 (1908), Aldi (1913), 麥當勞 (1948), 西南航空 (1971), 亞拉文眼科 (1976), 雅高飯店集團 (1985), McFIT (1997), 道康寧化學 (2002)	此類型所創造的價值，聚焦在最起碼的必需功能，只要求能傳達最核心的價值主張。因此產品非常基本，省下的成本則回饋顧客。主顧客群多為消費意願購買意願較低者。
32.	開放式經營	如何 為何	Valve Corporation (1998), ABRIL Moda (2008)	在此模式，與經營生態中的夥伴合作，成為價值創造的主要泉源。無論對方是供應商、消費者或其他業者，採用這類模式的公司，總會積極探索各種互補手法，以拓展業務機會。

模式編碼	類型名稱	影響面向	企業範例	類型描述
33.	開放原始碼	什麼 如何 為何	IBM (1955), Mozilla (1992), Red Hat (1993), mondoBIOTECH (2000), 維基百科 (2001), Local Motors (2008)	就軟體工程而言，軟體的原始碼非屬獨家，任何人都可使用。一般來說，可應用於任何產品之任何技術環節；所有人都可以再加貢獻，或純粹坐享其成。營收來源，通常是為該產品提供相關服務，例如諮商與支援。
34.	指揮家	如何 為何	寶鹼 (1970), 利豐有限公司 (1971), 耐吉 (1978), Airtel (1995)	這類公司把焦點放在價值鏈的核心能力，其他環節就外包出去，妥善調度。受益於快速商的規模經濟，成本得以降低；專注琢磨核心能力，則又不斷提升其專業表現。
35.	按使用付費	什麼 為何	Hot Choice (1988), 谷歌 (1998), Ally Financial (2004), Car2Go (2008)	在此模式中，實際使用程度以表徵付費，意思是：消費者根據使用程度付費。可吸引到那些希望享有額外彈性的顧客，而這樣的彈性，要價往往也高一點。
36.	隨你付	什麼 為何	One World Everybody Eats 餐廳 (2003), NoiseTrade 音樂串流 (2006), 電台司令樂團 (207), Humble Bundle 電子收藏包 (2010), Panera Bread Bakery 烘焙 (2010)	付款金額全在人心，甚至不給也行。某些情況仍會訂定最低限額和／或建議售價。消費者會喜歡有權掌握價格高低的感受，業者則受惠於由此帶動的龐大客群。

模式編碼	類型名稱	影響面向	企業範例	類型描述
37.	夥伴互聯	什麼 如何 為何	eBay (1995), Craigslist (1996), Napster (1999), 沙發客 (2003), 領英 (2003), Skype (2003), Zopa (2005), SlikeShare (2006), 推特 (2006), Dropbox (2007), Airbnb (2008), TaskRabbit (2008), RelayRides (2010), Gidsy (2011)	這種模式（簡稱 P2P）基礎為同質團體團體分子之間的相互合作。主其事的業者，提供一個聯結眾人的會面點——通常包含線上資訊、通訊服務。常見交易包括個人物品出租、特定產品／服務提供、資訊經驗分享等。
38.	成效式契約	什麼 如何 為何	勞斯萊斯引擎 (1980), Smarville (1997), 巴斯夫化工 (1998), 全錄 (2002)	價格並非根據產品具體價值，而是取決於產品表現或服務水準。這套模式往往融入客戶端的價值創造流程。特殊專業及規模經濟，帶來生產及維修的成本效益，可以較低報價回饋給客戶。
39.	刮鬍刀組	什麼 如何 為何	標準石油公司 (1870), 吉列 (1904), 惠普 (1984), 雀巢 Nespresso (1986), 蘋果 iPod/iTunes (2003), 亞馬遜 Kindle (2007), 雀巢 Special.T (2010), 雀巢 BabyNes (2012)	基本產品售價低廉，甚至免費贈送，搭配使用的消耗品則索價不低、利潤率高。前者價位誘使消費者出手購買，成本則由之後的持續收入吸收。為了強化這效果，這些基本產品往往會有技術上的限制，只容許與自家商品搭配。

模式編碼	類型名稱	影響面向	企業範例	類型描述
40.	以租代買	什麼 為何	Saunders System汽車租賃 (1916), 全錄 (1959), 百事達影視 (1985), Rent a Bike (1987), Mobility Carsharing (1997), MachineryLink (2000), CWS-boco (2001), Luxusbabe (2006), FlexPetz (2007), Car2Go	顧名思義，消費者選擇以租賃手法來使用商品，毋須付出整筆購買資金。業者方面，按時間長短收取租金、獲利較高。而雙方都因閒置造成的成本下降，可享受更好的使用效能。
41.	收益共享	什麼 為何	CDnow (1994), HubPages (2006), 蘋果 iPhone/App Store (2008), Groupon (2008)	與利益關係人分享營收，例如公司的互補夥伴，甚至競爭對手。甲公司的客群價值因乙公司帶來的服務而提高，即按比例分配這部分營收給乙公司。
42.	逆向工程	什麼 如何 為何	拜耳 (1897), Pelikan (1994), 華晨中國汽車 (2003), Denner (2010)	取得對手產品，加以拆解分析，根據所學生產類似或相容商品。省下巨額研發費用，往往能推出相對便宜的價格。
43.	逆向創新	什麼 如何	Logitech (1981), 海爾電器 (1999), 諾基亞 (2003), 雷諾汽車 (2004), 奇異 (2007)	為新興市場設計的簡單廉價商品，也推到工業化國家。「逆向」是指與一般產品走向相反，新品在工業化市場研發，再依新興市場需求調整上市。

模式編碼	類型名稱	影響面向	企業範例	類型描述
44.	羅賓漢	什麼 為何 誰	亞拉文眼科 (1976), 每名兒童一部筆電計畫 (2005), TOMS鞋 (2006), Warby Parker (2008)	同樣的商品，對「富人」的要價遠比對「窮人」貴，好從前者獲得充分利潤。而服務窮人雖不賺錢，創造出的規模經濟卻遠非對手可及。再說，此舉可為企業形象大大加分。
45.	自助服務	什麼 如何 為何	麥當勞 (1948), 宜家家具 (1956), 雅高飯店集團 (1985), Mobility Carsharing (1997), BackWerk (2001), Car2Go (2008)	把價值創造流程中的某些效益低、成本高的步驟轉給消費者讓他們採取自助，相對降低價格。顧客獲得效率、省下時間，而往往顧客能以更投其所好的手法執行某些步驟，整體營運效能也能獲得提升。
46.	店中店	什麼 如何 為何	Tim Hortons (1964), Tchibo (1987), 德國郵政 (1995), 博世 (2000), MinuteClinic (2000)	把門市融入能因此加分的別家賣場，即所謂店中店（雙贏局面）。房東賣場受益於顧客增加及租金收入，寄售業者享得較為經濟的資源，如空間、地點、員工。
47.	解決方案供應者	什麼 如何 為何	Lantal Textiles (1954), 海德堡印刷機 (1980), 利樂包裝 (1993), 奇客分隊 (1994), CWS-boco (2001), 蘋果 iPod/iTunes (2003), 3M服務 (2010)	特定領域中，提供一應俱全的商品，客戶只要面對單一窗口，為客戶處理這方面的所有問題，讓他們專注提升本業。此模式讓你延伸服務，防止營收滑落，也提升了產品價值。此外，與客戶的密切往來，讓你洞悉其需求習慣，可精確據以改善。

模式編碼	類型名稱	影響面向	企業範例	類型描述
48.	訂閱	什麼 為何	Blacksocks (1999), Netflix (1999), Salesforce (1999), Jamba (2004), Spotify (2006), Next Issue Media (2011), 一美元刮鬍刀俱樂部 (2012)	消費者定期繳費，獲得商品或服務，繳費間隔通常非年即月。消費者坐享較低成本與較多服務，業者則有一項穩定收入。
49.	超級市場	什麼 如何 為何	King Kullen Grocery Company (1930), 美林證券 (1930), 玩具反斗城 (1948), Home Depot (1978), Best Buy (1983), Fressnapf (1985), Staples (1986)	一個賣場販賣各式各樣商品，價格往往低廉。多樣性能吸引廣大消費人潮，範疇經濟又為業者添幾分力。
50.	鎖定窮人	什麼 如何 為何 誰	鄉村銀行 (1983), 亞拉文眼科 (1995), Airtel (1995), 印度聯合利華 (2000), 塔塔 Nano 汽車 (2009), 沃爾瑪 (2012)	目標客群擺在金字塔底層，而非較高檔消費者。消費力較低的顧客得享心儀商品，而業者盡管單位利潤微薄，卻獲得廣大客群帶來的可觀銷量。
51.	點石成金	什麼 如何 為何	Dual System Germany (1991), Freitag lab.ag (1993), Greenwire (2001), Emeco (2010), H&M (2012)	二手商品匯集後，賣到世界另一端，或再生為新東西。獲利主要來自幾近於零的採購價格。由此，公司資源成本幾乎消除，供應商也得到低廉或免費的廢棄物處理。這種模式還符合消費者潛在的環保意識。

模式編碼	類型名稱	影響面向	企業範例	類型描述
52.	雙邊市場	什麼 如何 為何	大來卡 (1950), JCDecaux (1964), Sat.1 (1984), 亞馬遜 (1995), eBay (1995), 都市報 (1995), Priceline (1997), 谷歌 (1998), 臉書 (2004), MyHammer (2005), Elance (2006), Zattoo (2007), Groupon (2008)	這類業者扮演幾種顧客群之間的橋梁，這些群眾之間互為獨立。當群體數目愈多，或群體當中的個體數愈多，這中間平台的價值就愈高。站在兩邊的，往往性質相異，例如一邊是企業，另一邊為私人利益團體。
53.	極致奢華	什麼 如何 為何 誰	藍寶堅尼超跑 (1962), 朱美拉酒店集團 (1994), Mir Corporation (2000), The World (2002), Abbot Downing (2011)	聚焦金字塔頂端，產品迥異於一般。吸引這類顧客，主要憑藉高品質或獨享特權。投資成本由高價托消，還可獲得超高利潤率。
54.	使用者設計	什麼 如何 為何	Spreadshirt (2001), Lulu (2002), 樂高工廠 (2005), 亞馬遜 Kindle (2007), Ponoko (2007), 蘋果 iPhone/App Store (2008), Createmy Tattoo (2009), Quirky (2009)	消費者既是顧客，也是生產者。舉例來說，一線上平台提供設計到銷售的必要支援，如產品設計軟體、生產服務、網路商店；業者功能只在提供支援，坐享消費者創意；消費者則由此實現創業夢想，卻毋須從頭準備基礎設備。實際銷售則創造了營收。
55.	白牌	什麼 如何	富士康 (1974), 里希樂食品 (1994), Printing In A Box (2005)	白牌廠商讓其他企業把產品掛上自己的品牌，以自家生產勢力行銷。同樣一個產品常賣到不同市場，打著不同商標。換言之，一種東西可同時滿足不同區隔的消費群。

詞　彙

推動商業模式創新，第一步是確保所有參與者擁有共識，包括對基本概念及架構的認知。此處依英文字母排序列出重要名詞註解，以供參考：

類比式思考・analogical thinking：運用各種看似無關的知識，解決特定問題。全新方案常由此而生。

藍海・blue oceans：競爭未起、猶待進入的市場。藍海雖尚未存在，卻饒富吸引力，極有潛力引爆前所未見的市場需求。

腦力書寫・brainwriting：一種團體創意技巧，與腦力激盪類似，與會者在第一階段各自將想法寫在紙上。

商業生態系統・business ecosystem：價值創造流程中所有相關角色（顧客、夥伴、競爭對手）之相互關係，以及種種影響力——如科技、趨勢、不同規範。每個企業既受此生態牽制，也對其產生影響。

商業模式・business model：商業模式定義了目標顧客、商品項目、生產及獲利方式。這四個面向——誰—什麼—如何—為何——於是也定義出一個商業模式。

商業模式創新・business model innovation：要產生真正的商業模式創

新，起碼要調整商業模式四面向（誰─什麼─如何─為何）的兩個以上。成功的模式創新，能為公司「創造價值，獲取價值」。

商業模式導航‧Business Model Navigator：為聖加侖大學針對商業模式創新研發出的全面性工具，核心精神是：以創造性模仿各產業既有的營運模式。其基礎來自數百個商業模式之實證研究，及眾多企業的應用成果。

衝突原則‧confrontation principle：企業根據衝突原則，刻意透過極端對立的選項來檢視新的商業模式。此時，會將企業目前營運模式拿來與不相干產業之營運模式對照。

收斂式思考‧convergent thinking：將大量可能方案縮減為幾項可行之道的思考過程。

設計思考‧design thinking：此法來自史丹佛大學，意指一系列高度創意產品之研發過程。靈感來自設計流程：理解─創造─生產。

破壞性創新‧disruptive innovation：足以淘汰現存技術、產品或服務的劇烈創新。

發散式思考‧divergent thinking：搜索一切可能方案之思考過程。

產業主流思維‧dominant industry logic：各產業面對競爭環境與現存價值鏈所遵循的特定規則。

進入市場途徑‧go-to-market approach：將產品或服務帶到顧客面前的通路。

隱性冠軍・hidden champion：在其所屬之利基市場領先全球、而外界幾乎一無所悉的小公司。

NABC 法・NABC approach：需求、方法、利益、競爭（Need, Approach, Benefits, Competition），一種創業投資家慣用的概念。用於商業模式，即把被看好的模式，拿來就此四個面向加以評估。

網絡效應・network effect：隨著使用者人數的增加，該網絡價值水漲船高，進一步吸引更多人蜂擁而至。

新經濟・new economy：尤指網路服務這塊經濟；此處之商品價值不在其稀有性，而在其廣泛的普及性。

「非我族類」症候群・NIH syndrome, 'not invented here' syn-drome：員工──甚至整個公司──排斥外界知識的現象。

舊經濟・old economy：稀有性決定商品價格的傳統經濟區塊。

正統性・orthodoxy：影響我們行動基礎的共同信念。

改寫類型・pattern adaptation：將感興趣的商業模式融入原有之營運模式，進而產生嶄新想法。

波特五力・Porter's Five Forces：市場分析工具，旨在徹底分析所處產業，藉著改善定位獲得競爭優勢；評估標竿包括五項：競爭對手，顧客，替代性商品，供應商，業內競爭強度。

紅海・red oceans：相對不吸引人的既有市場及產業，競爭激烈，利潤

微薄。

營收機制・revenue-generating mechanism：一商業模式能穩健獲利的原理，涵蓋成本架構與收入來源。旨在答覆每家企業最根本問題：我們要如何獲利？

同質原則・similarity principle：商業模式調整手法之一，由內而外展開：先從高度相關產業中檢視商業模式，再逐步擴大範圍到其他產業，進而將屬意模式調整為自己的營運模式。

社群媒體・social media：數位科技，使用者經由網路平台交換資訊，進而可合作等等。

社群網路・social network：眾人透過網路平台相互聯結。

轉換成本・switching cost：顧客跳到別家供應商可能產生之成本。

萃思・TRIZ：「發明問題的解決理論」之俄語縮寫（俄語原文為teoriya resheniya izobretatelskikh zadatch），針對約4萬項專利之分析顯示：發生在各產業之技術衝突，可用為數不多的基本原則加以解決。此研究衍生出解決技術問題最著名、也最具直覺性之TRIZ工具：40項創新原則。

價值鏈・value chain：描述一企業所採各種流程及活動，與當中涉及的資源與能力。

價值主張・value proposition：公司為顧客帶來價值的一切商品與服務。

BN0018

航向成功企業的55種商業模式

是什麼？為什麼？誰在用？何時用？如何用？

The Business Model Navigator : 55 Models That Will Revolutionise Your Business

作　　　者　奧利佛・葛思曼（Oliver Gassmann）
　　　　　　凱洛琳・弗朗根柏格（Karolin Frankenberger）
　　　　　　蜜可萊・塞克（Michaela Csik）
譯　　　者　劉慧玉
責任編輯　于芝峰
協力編輯　陳錦輝
美術設計　黃聖文
內頁構成　李秀菊

發 行 人　蘇拾平
總 編 輯　于芝峰
副總編輯　田哲榮
業務發行　王綬晨、邱紹溢
行銷企劃　陳詩婷
出　　版　橡實文化 ACORN Publishing
　　　　　地址：臺北市105松山區復興北路333號11樓之4
　　　　　電話：02-2718-2001　傳真：02-2719-1308
　　　　　網址：www.acornbooks.com.tw
　　　　　E-mail：acorn@andbooks.com.tw
發　　行　大雁出版基地
　　　　　地址：臺北市105松山區復興北路333號11樓之4
　　　　　電話：02-2718-2001　傳真：02-2718-1258
　　　　　讀者服務信箱：andbooks@andbooks.com.tw
　　　　　劃撥帳號：19983379 戶名：大雁文化事業股份有限公司

印　　刷　中原造像股份有限公司
初版一刷　2017年01月
初版十一刷　2022年03月
定　　價　550元
I S B N　978-986-5623-70-8

歡迎光臨大雁出版基地官網
www.andbooks.com.tw
• 訂閱電子報並填寫回函卡 •

國家圖書館出版品預行編目資料

航向成功企業的55種商業模式：是什麼？
為什麼？誰在用？何時用？如何用？／奧利
佛・葛思曼（Oliver Gassmann）、凱洛琳・弗
朗根柏格（Karolin Frankenberger）、蜜可萊・
塞克（Michaela Csik）著；劉慧玉譯. -- 初版.
-- 臺北市：橡實文化出版：大雁出版基地發
行, 2017.01
　　面；　公分
譯自：The Business Model Navigator : 55 Models
　　That Will Revolutionise Your Business
ISBN 978-986-5623-70-8（平裝）

1. 企業經營　2. 創業

494.1　　　　　　　　　　　　　105021474